数学思维秘籍

图解法学数学，很简单

⑥ 数学课堂

刘薰宇

U0179025

四川教育出版社

图书在版编目（CIP）数据

数学思维秘籍：图解法学数学，很简单. 6，数学课堂 / 刘薰宇著. —— 成都：四川教育出版社，2020.10
ISBN 978-7-5408-7414-8

Ⅰ. ①数 Ⅱ. ①刘… Ⅲ. ①数学—青少年读物 Ⅳ. ①O1-49

中国版本图书馆CIP数据核字(2020)第156229号

数学思维秘籍　图解法学数学，很简单　6 数学课堂
SHUXUE SIWEI MIJI TUJIEFA XUE SHUXUE HEN JIANDAN 6 SHUXUE KETANG

刘薰宇　著

出 品 人	雷　华
责任编辑	吴贵启
封面设计	郭红玲
版式设计	石　莉
责任校对	林蓓蓓
责任印制	高　怡
出版发行	四川教育出版社
地　　址	四川省成都市黄荆路13号
邮政编码	610225
网　　址	www.chuanjiaoshe.com
制　　作	大华文苑（北京）图书有限公司
印　　刷	三河市刚利印务有限公司
版　　次	2020年10月第1版
印　　次	2020年11月第1次印刷
成品规格	145mm×210mm
印　　张	4
书　　号	ISBN 978-7-5408-7414-8
定　　价	198.00元（全10册）

如发现质量问题，请与本社联系。总编室电话：（028）86259381
北京分社营销电话：（010）67692165　北京分社编辑中心电话：（010）67692156

前 言

　　为了切实加强我国数学科学的教学与研究，科技部、教育部、中科院、自然科学基金委联合制定并印发了《关于加强数学科学研究工作方案》。方案中指出数学实力往往影响着国家实力，几乎所有的重大发现都与数学的发展与进步相关，数学已经成为航空航天、国防安全、生物医药、信息、能源、海洋、人工智能、先进制造等领域不可或缺的重要支撑。这充分表明国家对数学的高度重视。

　　特别是随着大数据、云计算、人工智能时代的到来，在未来生活和生产中，数学更是与我们息息相关，数学科学和人才尤其重要。华为公司创始人兼总裁任正非曾公开表示："其实我们真正的突破是数学，手机、系统设备是以数学为中心。"

　　数学是一门通用学科，是很多学科与科学的基础。在未来社会，数学将是提高竞争力的关键，也是国家和民族发展繁荣的抓手。所以，数学学习应当从娃娃抓起。

　　同时，数学是一门逻辑性非常强而且非常抽象的学科。让数学变得生动有趣的关键，在于教师和家长能正确地引导孩子，精心设计数学教学和辅导，提高孩子的学习兴趣。在数学教学与辅导中，教师和家长应当采取多种方法，充分调动孩子的好奇心和求知欲，使孩子能够感受学习数学的乐趣和收获成功的喜悦，从而提高他们自主学习和解决问题的兴趣与热情。

　　为了激发广大少年儿童学习数学的兴趣，我们特别推出了《数学思维秘籍》丛书。它集中了我国著名数学教育家刘薰宇的数学教学经验与成果。刘薰宇老师1896年出生于贵阳，毕业于北京高等师范学校数理系，曾留学法国并在巴黎大学研究数学，回国后在许多大学任教。新中国成立后，刘老师曾担任人民教育出版社副总编辑等职。

　　刘老师曾参与审定我国中小学数学教科书，出版过科普读物，发表了大量数学教育方面的论文。著有《解析几何》《数学的园地》《数学趣味》《因数与因式》《马先生谈算学》等。他将数学和文学相结合，用图解法直接解答有关数学问题，非常生动有趣。特别是介绍数学理论与方法的文章，通俗易懂，既是很好的数学学习导入点，也是很好的数学启蒙读物，非常适合中小学生阅读。

　　刘老师的作品对著名物理学家、诺贝尔奖得主杨振宁，著名数学家、国家最高科学技术奖获得者谷超豪，著名数学家齐民友，著名作家、画家丰子恺等都产生过深远影响，他们都曾著文记述。杨振宁曾说，曾有一位刘薰宇先生，写过许多通俗易懂和极其有趣的数学文章，自己读了才知道排列和奇偶排列这些极为重要的数学概念。谷超豪曾说，刘薰宇的作品把他带入了一个全新的世界。

　　在当前全国掀起学习数学热潮的大好形势下，我们在忠实于原著的基础上，对部分语言进行了更新；对作品进行了拆分和优化组合，且配上了精美插图；更重要的是，增加了相应的公式定理、习题讲解、奥数试题、课外练习及参考答案等。对原著内容进行的丰富和拓展，使之更适合现代少年儿童阅读、理解和运用，从而更好地帮助孩子开拓数学思维。相信本书将对广大少年儿童、教师以及家长具有较强的启迪和指导作用。

目 录

◆ 数学的符号游戏

　　我在这里所要说的"数学"这个词，包含算术、代数、几何、三角等领域在内。用英文名词来解说，那就是"Mathematics"的定义。如果照平常的想法，那就非常简单、明了，几乎不用再说了。

　　如果真要说明白，问题就很多了。例如英国著名哲学家、数学家罗素的"Russell"说法，特别是在他所著的《数理哲学导论》中提出的定义，真是让人感到莫名其妙，简直就像在开玩笑一样。他说：

> Mathematics is the subject in which we never know what we are talking about nor whether what we are saying is true.

如果将这句话简单地翻译过来，就是：

> 数学就是这样一回事，研究它这种玩意儿的人，也不知道自己究竟在干些什么。

　　这样的定义，简直扑朔迷离，真是"不说还明白，一说反而"糊涂"了。然而，要将已经发展到现在的数学领域概括得完全，并要将它繁杂、丰富的内容表达得生动，好像除了这样，也没有更好的话可以形容它了。

对于一般的数学读者，这个定义恐怕反而更让人云里雾里，因此拨开云雾见青天的工作似乎就少不了呢！罗素对数学所下的定义，它的价值在什么地方呢？它所表达的是什么意思呢？要回答这些问题，用数学的其他定义更容易让人明白些。

在古希腊，特别是在亚里士多德那个时代，不用说，数学的发展还很缓慢，领域也非常狭小，所以只需说数学的定义是一种"计量的科学"，便可以使人感到心满意足了。

可不是吗？这个定义，让初学数学的人是非常容易明白和满足的。他们解答四则混合运算问题、学习复名数的计算，再进入到比例、百分数等，无一不是在计算量。就是学到代数、几何、三角，也还不容易发现这个定义的破绽。然而仔细一想，它实在有些不妥。

第一，什么叫作量，虽然我们可以用一般的知识来解释，但是真要弄明白其内涵，也是十分不容易的。因此，用它来解释别的名词，依然不能将那些名词的概念十分明了地表示出来。

第二，就是用一般的知识来解释量，所谓"计量的科学"也不能非常明确地划定数学的领域。像测量、统计这些学科，虽然它们都各有各自特殊的作用，但也只是一种计量而已。

由此可知，仅仅用"计算的科学"这个说法解释数学，从而成为一个数学的定义，未免太广泛了一些。如果要进一步去探究，这个定义的欠缺还不仅仅就这两点，所以法国著名哲学家孔德在修改后说："数学是间接测量的科学。"

按照前面的定义，数学是一种计量的科学，那么必定要有量才可以计算，但是它所计算的量是用什么手段得来的呢？像用一把尺子就可以量一块布有多宽、多长；用一杆秤就可以量一袋米有多重，这些是可以直接办到的。

但是，如果是测量行星轨道的长度、行星的体积，或是很小的分子的体积，这些就不是人力所能直接测定的了，然而采用数学的方法可以间接地将它们计算出来。因此，孔德所下的这个定义，虽然不能将前一个定义的缺点完全补充更正，但是也算进步一些了。

孔德是 19 世纪前半期的人物，虽然他是一个不可多得的哲学家和数学家，但是在他那个时代，数学领域远远不及现在这么广阔，如群论、位置解析、投影几何、数论以及逻辑的代数等，这些数学分支的发展，都是他以后的事了。而这些分支和量或测量实在没有什么关系。如法国著名的数学家笛沙格所证明的一个极有趣味的定理：

平面上有两个三角形，如果它们的对应顶点的连线交于一点，那么这时如果对应边所在直线也相交，那么这三个交点在一条直线上。

也就是说，如图 1-1，在 $\triangle ABC$ 和 $\triangle A'B'C'$ 中，AA'，BB'，CC' 交于点 O，AB 与 $A'B'$ 交于点 D，AC 与 $A'C'$ 交于点 E，BC 与 $B'C'$ 交于点 F，则 D，E，F 三点在一条直线上。

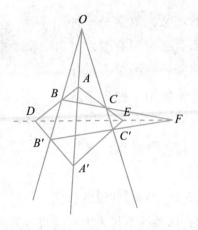

图 1-1

这个定理的证明，就只用到了位置的关系，和量毫不相干。数学的这种发展，自然是轻巧地将孔德所给的定义攻破了。

到了 1870 年，美国哲学家皮尔士就给数学下了一个这样的定义："数学是产生'必要的'结论的科学。"

不用说，这个定义比以前的都宽泛得多，它已经离开了数、量、测量等这些名词。我们知道，数学的基础是构建在几个所谓公理上面的。从方法上说，不过由这几个公理出发，逐渐演绎出去而组成一个秩序井然的系统。所谓公式、定理，只是在演绎中所得到的结论。

照这般说法，皮尔士的定义可以说是完美无缺的吗？不！依据几个基本的公理，按照逻辑的法则演绎出的结论，只是"必然的"。如果说是"必要"，那就很可疑了。如果我们要问什么样的结论才是必要的，这岂不是很难回答吗？

更进一步说，现在的数学领域里，虽然大部分还是采用老方法，但是像皮亚诺、布尔和罗素这些先生们，却又走着一条相反的途径，对于数学的基础研究，他们要换一个方向去下寻根问底的功夫。

于是，这个新鲜的定义又免不了动摇。关于这定义的改正，我们可以举出康柏的观点，他说：

> 数学是一种这样的科学，我们是用它来研究思想的、题材的和性质的。而这里所说的思想，是归依到含着相异和相同，个别和复合的一个数的概念上面。

这个定义实在太严肃、太文气了，而且意味也有点儿含混。在康柏以后，布契把它改变了一下，便这样说：

> 如果有某一群的事件与某一群的关系，而我们所要研究的问题，又只是这些事件是否适合于这些关系，这种研究便称为数学。

在这个定义中，有一点最值得注意，布契提出了"关系"这一个词来解释数学，它并不用数、量这些词，因此很巧妙地将数学的范围扩张到"计算"以外。

假如我们只照惯用的意义来解释为"计算"，那么到了现在，数学中有些部分确实和计算没有什么关系。由于这个缘故，我喜欢用"数学"这个词来译 Mathematics，而不喜欢用"算学"。虽然"数"字还不免有些欠缺，但是似乎比"算"字来得更合适些。

倘使我们再追寻一番，我们还可以发现布契的定义也并不是"悬诸国门不能增损一字"的。不过这种功夫越来越细微，也不容易理解。而我这篇东西不过想给一般的数学读者一点儿数学的概念，所以不再深究了。

将这个定义来和罗素所下的比较，虽然距离较近，但是总还是旨趣悬殊。那么，罗素的定义果真是开玩笑吗？我是很愿意接受罗素的定义的，为了要将它说得明白些，也就是要将数学的定义、性质说得明白些，我想这样说：

数学只是一种符号的游戏。

假如，有人觉得这样轻佻了一点儿，严严正正的科学怎么能说它是"游戏"呢？那么，这般说也可以：

数学是使用符号来研究"关系"的科学。

对于数学这种东西，读者大都有过这样的疑问，这有什么意思呢？这有什么用呢？本来它不过让你知道一些关系，以及从某种关系中推演出别的关系来，而关系的表示大部分又只靠着符号，这自然不能具体地给出什么用处和意义了。

为了解释明白上面提出的定义，我想从数学中举些例子来讲。一开头我们就看"一加二等于三"。

在这个短短的句子里，总共是五个词：一、二、三、加、等于。这五个词，前三个是一类，后两个又是一类。什么叫"一"？什么叫"二"？什么叫"三"？

这实在不容易解答。它们都是数，数是抽象的，不是吗？我们能够拿一个铜板、一支铅笔、一个墨水瓶给人家看，但是我们拿不出"一"来，"一"是一个铜板、一支铅笔、一个墨水瓶。一个这样，一个那样，这些的共相。我们从这些东西中找出这个共相，既要自己保存，又要传给别人，不得不给它起一个称呼，于是就叫它"一"。

我为什么叫"薰宇"，如果你要问我，我也回答不上来，我只能说，这只是一个符号，有了它方便你们称呼我，让你们在茶余酒后和朋友们评论我时，说起来方便些，所以"薰宇"两个字是我的符号。

同样的，"一"就是一个铜板、一支铅笔、一个墨水瓶……是这些所有东西共同的一个符号。同样的道理，自然"二"和"三"也一样是符号而已。

至于"加"和"等于"在根源上要说它们只是符号，一样也可以，不过从表面上说，它们表示一种关系。所谓"一加二"是表示"一"和"二"这两个符号在这里的关系是相合；所谓"等于"是表示在它前后的两件东西在量上相同。所以归根到底"一加二等于三"只是三个符号和两个关系的连缀。

单只这么一个例子，似乎还不能够说明白。再举别的例子吧，假定你已将代数学完了，我们就可以从数的范围逐渐扩大来说明。

在算术里，我们用的只是 1，2，3，4，… 这些数，最初跨进代数的门槛，遇到 a，b，c，…，总有些不习惯。你对于二加三等于五，并不惊奇，并不怀疑；对于二个加三个等于五个，也不惊奇，也不怀疑；但是对于 $2a + 3a = 5a$ 你却怔住了，常常觉得不安心，不知道你在干什么。其实呢，$2a + 3a = 5a$ 和 $2 + 3 = 5$ 对于你的习惯来说，后者不过更像符号而已。

有了这一个使用符号的进步，许多关系来得更简单、更普遍，不是吗？如果是将 $2a+3a=5a$ 具体化，认为 a 是一只狗的符号，那么这关系所表示的便是两只狗和三只狗一共是五只狗；如果 a 是一个鼻头的符号，那么，这关系所表示的便是两个鼻头添上三个鼻头总共就成了五个鼻头。

再换一个方向来看，在算术中除法常有除不尽的时候，比如 $20÷3$。遇见这样的场合，我们便有以下几种方法表示：

（1）$20÷3≈6.67$；

（2）$20÷3=6……2$；

（3）$20÷3=6.\dot{6}$；

（4）$20÷3=\dfrac{20}{3}$。

第一种只是一个近似的表示法；第二种表示得虽然正确，但是用起来不方便；第三种是循环小数，关于循环小数的计算，那种苦头你总尝到过；第四种是分数，$\dfrac{20}{3}$ 是什么？你已知道就是 3 除 20 的意思。对了，只是"意思"，毕竟没有除。这和 3 除 6 得 2 的意味终是不同的。

所谓"意思"便是"符号"。因为除法有除不尽的时候，所以我们使用"分数"这种符号。有了这种符号，我们就可以推算出分数中的各种关系。

在算术里，你知道 $5-3=2$，但是要碰到 $3-5$ 你就没有办法了，只好说一句"不能够"。"不能够"这是什么意思呢？我替你解释便是没有办法表示这个关系了。但是到了代数里面，为了探究一些更加普遍的关系，于是就不得不想一个方法来克服这个困难。

于是有些人便这样想，3－5为什么不能够呢？他们异口同声地回答，因为还差2的缘故。这一回答，关系就成立了，"从3减去5差2"。在这个时候又用一个符号"－2"来表示"差2"，于是这关系就成为3－5＝－2。这样一来，就有了负数，我们一则可探讨它自身所包含的一些关系，二则可以将我们已得到的一些关系更普遍化。

又如在乘法中，有时只是一些相同的数在相乘，便给它一种符号，譬如$a \times a \times a \times a \times a$写成$a^5$。这么一来，关于这一类的问题又有许多关系可以发现了，例如：

$$a^n \cdot a^m = a^{n+m};$$

$$(a^n)^m = a^{nm};$$

$$\left(\frac{a}{b}\right)^n = \frac{a^n}{b^n};$$

……

不但是这样，这里的n和m还只是正整数，后来却拓展到负数和分数，而得出下面的符号：

$$a^{\frac{p}{q}} = \sqrt[q]{a^p};$$

$$a^{-m} = \frac{1}{a^m}。$$

这些符号的使用，是代数所给的便利，学过代数的人都知道，我也不用再说了。

由整数到分数，由正整数到负数，由乘方到使用指数，我们可以看出许多符号的创立和许多关系的产生。要将乘方进行还原，就要用到开方，但是开方常常会碰钉子，因此就有了无理数，如 $\sqrt{2}$、$\sqrt{3}$、$\sqrt[3]{9}$、$\sqrt[4]{8}$……这不过是一些符号，这些符号经过一番探索，便和乘方所用的指数符号结成了非常亲密的关系。

总结这些例子来看，除了使用符号和发现关系外，数学实在没有什么别的花头。如果你已学过平面三角，那么，我相信你更容易承认这句话。所谓平面三角，不就是只靠着几个什么正弦、余弦这类的符号来表示几个比，然后去研究这些比的关系和三角形中的其他关系吗？

我说"数学是使用符号来研究'关系'的科学"，你应该不再怀疑了吧？在数学中，你会碰到一些实际的问题需要计算，譬如三个145克总共是多少千克。但是这只是我们所得到的关系的具体化，换句话说，不过是一种应用。

也许你还有一个疑问，数学中的公式和定理固然只是一些"关系"的表现形式，但是像定义那类的东西又是什么呢？我的回答是这样，那只是符号的规定。"到一个定点距离相等的一个完全的曲线叫圆"。这是一个定义，但是也只是"圆"这个符号的规定。

严肃认真地说，数学只是这么一回事，但是我仍然高兴地说它是符号的游戏。所谓"游戏"，自然不是开玩笑的意思。两个要好的朋友拿着球拍在球场上打网球，并没有什么争胜的要求，然而兴致淋漓，不忍释手，在这时他们得到一种满足，这就是使他们忘却一切的原因，这叫游戏。

小孩子独自拿着两块石子在地上造房子，尽管满头大汗，气喘吁吁，但是仍然拼尽全身力气去做，这是游戏。至于为争得冠军的球赛，为获得金牌的赛跑，这便不是游戏了。还有为了排遣寂寞，约几个人打几圈麻将、喝一壶老酒，这也不算游戏。从这意味上来看，我说"数学是符号的游戏"。

自然，从这个游戏中有些收获，即发现一些可以供人使用的关系。但是符号使用得越多，所得的关系越不容易具体化。等你进入数学领域的后部，真的，你只见到符号和关系，那些符号、关系要你说个明白，就是马马虎虎地说，你也无从下口。到这一步，好了，罗素便说：

> 数学是这样一回事，研究它这种玩意儿的人也不知道自己究竟在干些什么。

基本公式与例解

1. 基本概念与公式

（1）基本概念

数学包含着算术、代数、几何等问题。这样说起来，数学似乎玄之又玄，其实简单地说，数学是一种使用"符号"来研究"关系"的科学。数学就是用1、2、3、4、5、6、7、8、9、0，这10个"符号"代表数字，用"＋""－""×""÷""＝"代表符号之间的"关系"。当这10个符号不够用时，我们又找到了 a、b、c……其实这不过也就是多了几个符号而已。

例1：如果 a 是一个奇数，b 是一个偶数，那么下列各式中是奇数的是（　　）。

A. $3b$　　B. $a+3$　　C. $2(a+b)$　　D. $a+2b$　　E. $2a+b$

解：A选项，b 是偶数，偶数的整数倍还是偶数，排除；

B选项，a 是奇数，3也是奇数，两个奇数相加是偶数，所以排除；

C选项，奇数＋偶数＝奇数，奇数的偶数倍是偶数，排除；

D选项，a 是奇数，b 是偶数，偶数的整数倍还是偶数，奇数＋偶数＝奇数，符合题意；

E选项，奇数的偶数倍是偶数，两个偶数相加是偶数，排除。

答案：D

例2：如果 t 和 $t+2$ 的算术平均数是 x，t 和 $t-2$ 的算术平均数是 y，那么 x 和 y 的算术平均数是（　　　）。

A. 1　　　　B. $2t$　　　　C. t　　　　D. $t+\dfrac{1}{2}$　　　　E. $\dfrac{1}{2}$

解：因为（$t+t+2$）÷2 = $t+1$ = x，

（$t+t-2$）÷2 = $t-1$ = y，

所以（$x+y$）÷2 =（$t+1+t-1$）÷2 = t。

答案：C

（2）常见几何图形的相关度量计算公式

①平面图形

形状	周长	面积
三角形	$C=a+b+c$	$S=ah÷2$
长方形	$C=2（a+b）$	$S=ab$
正方形	$C=4a$	$S=a^2$
平行四边形	$C=2（a+b）$	$S=ah$
梯形	$C=a+b+c+d$ （a，b 为两底长，c，d 为两腰长）	$S=（a+b）×h÷2$
圆	$C=\pi d=2\pi r$	$S=\pi r^2$

②立体图形

形状	表面积	体积
长方体	$S_{表}=2（ab+bc+ca）$	$V=abc$
正方体	$S_{表}=6a^2$	$V=a^3$
圆柱	$S_{表}=S_{侧}+2S_{底}$	$V=S_{底}h$
圆锥	——	$V=S_{底}h÷3$

例1：计算图1.1-1中各图的周长和面积。（单位：厘米）

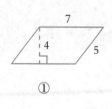 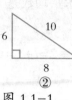 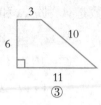

① ② ③

图 1.1-1

解：①$C=2×（5+7）=24$（厘米）；

$S=7×4=28$（平方厘米）。

②$C=6+8+10=24$（厘米）；

$S=6×8÷2=24$（平方厘米）。

③$C=3+6+11+10=30$（厘米）；

$S=（3+11）×6÷2=42$（平方厘米）。

例2：如图1.1-2，是一块梯形菜地（单位：米）。如果每平方米收白菜8.5千克，这块菜地一共可以收白菜多少千克？

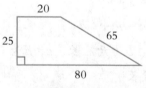

图 1.1-2

解：$（20+80）×25÷2=1250$（平方米），

$1250×8.5=10625$（千克）。

答：这块菜地一共可以收白菜10625千克。

2. 思维拓展——24点游戏

这是一种得数为24的数学游戏。正宗的24点是随机抽4张扑克牌，组成一个算式，使其得数为24。一副牌中抽去大小王剩下52张，任意抽取4张牌，用加、减、乘、除（可加括

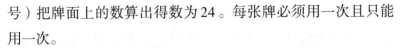

号）把牌面上的数算出得数为24。每张牌必须用一次且只能用一次。

例：抽出的牌是3、8、8、9。

解：算式为（9-8）×8×3=24或（9-8÷8）×3=24等。

24点游戏可以帮助我们理解和运用运算符号，是一个集娱乐和益智为一体的游戏，计算24也是有诀窍的。

（1）利用3×8=24、4×6=24求解。

把牌面上的四个数想办法凑成3和8、4和6，再相乘求解。

例1：抽出的牌是3、3、6、10。

解：（10-6÷3）×3=24。

例2：抽出的牌是2、3、3、7。

解：（7+3-2）×3=24。

实践证明，这种方法是利用率最大、解题率最高的方法。

（2）利用0、11的运算特性求解。

例1：抽出的牌是3、4、4、8。

解：3×8+4-4=24。

例2：抽出的牌是4、5、J、K。

解：11×（5-4）+13=24。

（3）最为广泛的是以下七种解法。

我们用 a、b、c、d 表示牌面上的四个数：

① （$a-b$）×（$c+d$）：（10-4）×（2+2）=24等；

② （$a+b$）÷c×d：（10+2）÷2×4=24等；

③ （$a-b÷c$）×d：（3-2÷2）×12=24等；

④ （$a+b-c$）×d：（9+5-2）×2=24等；

⑤ a×$b+c-d$：11×3+1-10=24等；

⑥ $(a-b)\times c+d$：$(4-1)\times6+6=24$等；

⑦ $(a\times b)\div(c+d)$：$(6\times8)\div(1+1)=24$等。

需要说明的是：在24点游戏中，从一副扑克牌（52张）中任意抽取4张可有1820种不同组合，其中有458种组合算不出24点，如A、A、A、5。

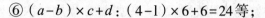

应用习题与解析

1. 基础练习题

（1）一块长方形铁板，长15分米，宽是长的$\dfrac{2}{3}$。在这块铁板上截一个最大的圆，这个圆的面积是多少？

考点：圆的面积计算。

分析：长方形铁板的宽是$15\times\dfrac{2}{3}=10$（分米），截出的圆的直径最大是10分米，根据公式$S=\pi r^2$计算圆的面积。

解：$15\times\dfrac{2}{3}=10$（分米），

$S=\pi r^2$

$\quad=3.14\times(10\div2)^2$

$\quad=3.14\times25$

$\quad=78.5$（平方分米）。

答：这个圆的面积是78.5平方分米。

（2）一根铜丝可围成一个半径为5分米的圆，如改围成一个长方形（接头除外），这个长方形的长是8分米，宽多少分米？

考点：圆和长方形的周长计算。

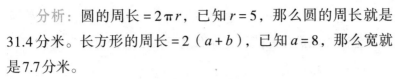

分析：圆的周长 $= 2\pi r$，已知 $r = 5$，那么圆的周长就是 31.4 分米。长方形的周长 $= 2(a + b)$，已知 $a = 8$，那么宽就是 7.7 分米。

解：$2 \times 3.14 \times 5 = 31.4$（分米），

$(31.4 - 8 \times 2) \div 2 = 7.7$（分米）。

答：宽是 7.7 分米。

（3）一本故事书有 96 页，小兰看了 43 页。小华说："剩下的页数比这本书的 $\frac{3}{4}$ 少 15 页。"小新说："剩下的页数比这本书的 $\frac{1}{2}$ 多 5 页。"请问小华和小新谁说得对？为什么？

考点：数量的多少。

分析：先计算小兰剩下多少页没看，$96 - 43 = 53$（页），再用小华和小新的说法去计算他们所分析的结果，与小兰剩下的 53 页相同的就是正确的答案。

解：小兰看剩下的页数为：

$96 - 43 = 53$（页）。

按小华的说法，剩下的页数为：

$96 \times \frac{3}{4} - 15 = 72 - 15 = 57$（页）。

按小新的说法，剩下的页数为：

$96 \times \frac{1}{2} + 5 = 48 + 5 = 53$（页）。

按小新的说法与小兰看剩下的页数相同，所以小新说得对。

答：小新说得对。

（4）甲、乙、丙三人合伙做生意，且三人投资金额的比例依次是5：6：4。已知这次投资共获利300万元，如果按照投资金额的比例分配获利，那么这三人分别分得多少元？

考点：连比例。

分析：可将获利分成5+6+4=15（份），甲、乙、丙分别得5、6、4份，那么甲分得300万的$\frac{5}{15}$，乙分得300万的$\frac{6}{15}$，丙分得300万的$\frac{4}{15}$。

解：5+6+4=15（份）。

甲：$300 \times \frac{5}{15} = 100$（万元）；

乙：$300 \times \frac{6}{15} = 120$（万元）；

丙：$300 \times \frac{4}{15} = 80$（万元）。

答：甲分得100万元，乙分得120万元，丙分得80万元。

（5）图1.2-1是某茶叶厂的茶叶筒示意图，要分别在它们的侧面贴上一张商标纸，商标纸接头处重叠部分为1厘米。这两种茶叶筒谁更省纸？（单位：厘米）

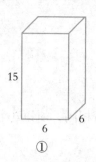

图 1.2-1

考点：长方体和圆柱侧面积的计算。

分析：根据计算公式可以求出结果，要注意"商标纸接头处重叠部分为1厘米"，也就是底面周长加上2厘米，但是高不变。

解：$S_长 = (4 \times 6 + 1) \times 15 = 375$（平方厘米）；

$S_圆 = (3.14 \times 6.8 + 1) \times 15 = 335.28$（平方厘米）。

因为$335.28 < 375$，所以圆柱形茶叶筒更省纸。

答：圆柱形茶叶筒更省纸。

2. 巩固提高题

（1）给下面各组数加上括号和运算符号组成一个算式，使其得数为24（数可以交换位置）。

①3、5、8、9；　　　　②3、5、9、9；

③3、5、9、10；　　　④3、5、10、10；

⑤3、6、6、6；　　　　⑥3、6、6、7。

考点：24点计算。

分析：24点计算是给数加上运算符号，是一种四则运算游戏。

解：①$3 \times 9 + 5 - 8 = 24$；　　②$9 \div 3 \times 5 + 9 = 24$；

③$(3 + 9) \div 5 \times 10 = 24$；　　④$(10 - 10 \div 5) \times 3 = 24$；

⑤$6 + (6 - 3) \times 6 = 24$；　　⑥$6 \times 7 - 3 \times 6 = 24$。

（2）猎豹是世界上跑得最快的动物，速度能达到每小时110千米，比大象的2倍还多35千米。大象的速度最快能达到每小时多少千米？（请用方程解答）

考点：两个项目比较问题。

分析：把需要求解的问题作为未知数，设为x，然后以两种动物的速度关系建立方程，列出的方程是$110 = 2x + 35$。此

处的关键是 $2x$ 之后是加而不是减 35，要考虑到大象的速度比较慢，所以先是化作 2 倍，再加上 35 千米，才与猎豹的速度相等。

解：设大象的速度为 x 千米/时。

$$2x + 35 = 110,$$
$$2x = 110 - 35,$$
$$x = 37.5。$$

答：大象的速度最快能达到 37.5 千米/时。

（3）两辆汽车从相距 300 千米的两地同时相向开出，甲车的速度为 110 千米/时，乙车的速度为 90 千米/时。请问两车多长时间后会相遇呢？（请用方程解答）

考点：相向而行问题。

分析：问题的关键是要理解相向，就是相对而行，即面对面行驶。设两车 x 小时后会相遇，然后计算两辆车分别行驶的路程，再寻找等量关系列方程。两辆汽车行驶的路程和为 300 千米，列方程 $110x + 90x = 300$。

解：设 x 小时后两车会相遇。

$$110x + 90x = 300$$
$$200x = 300$$
$$x = 1.5$$

答：两车 1.5 小时后会相遇。

奥数习题与解析

1. 基础训练题

用彩绳捆扎一个圆柱形的蛋糕盒（如图1.3-1），打结处正好是上底面圆心，打结要用10厘米。

（1）扎这个盒子至少要用彩绳多少厘米？

（2）在它的侧面贴上商标，商标的面积至少是多少？

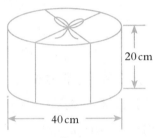

图 1.3-1

分析：解答此题用到的知识点有圆柱的侧面积的计算方法和圆柱的特征。要求扎这个盒子至少要用彩绳多少厘米，就是求4条直径、4条高和打结用去的绳长的总和。求商标的面积是多少平方厘米，就是求圆柱形蛋糕盒的侧面积，根据"圆柱的侧面积 $=\pi dh$"解答即可。

解：（1）$20 \times 4 + 40 \times 4 + 10$

$= 80 + 160 + 10$

$= 250$（厘米）。

（2）$S = 3.14 \times 40 \times 20 = 2512$（平方厘米）。

答：扎这个盒子至少要用彩绳250厘米；在它的侧面贴上商标，商标的面积至少是2512平方厘米。

2. 拓展训练题

为庆祝"六一"儿童节,某幼儿园举行用火柴棒形状的塑料棒摆"金鱼"比赛,如图1.3-2所示。

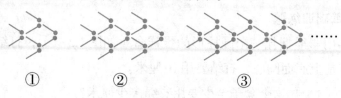

①　　　　　②　　　　　③

图 1.3-2

按照上面的规律,摆100个"金鱼"需用塑料棒多少根呢?

分析:摆1个"金鱼"需8根塑料棒,摆2个"金鱼"需14根塑料棒,摆3个"金鱼"需20根塑料棒。不难发现,每多摆一个"金鱼"就要多用塑料棒6根,按照上面的规律,摆100条"金鱼"需用塑料棒的根数为 $8+99\times6=602$(根)。

解:设 $8=a_1$, $14=a_2$, $20=a_3$,则

$a_1=8$,

$a_2=14=6+8$,

$a_3=20=2\times6+8=6\times(3-1)+8$,

……

所以 $a_n=6(n-1)+8$,

$a_{100}=99\times6+8$

$\qquad=602$。

答:摆100个"金鱼"需用塑料棒602根。

课外练习与答案

1. 基础练习题

不交换数的顺序，只加上括号和运算符号组成一个算式，使其得数为24。

（1）2　4　9　2　=24；　　　　（2）2　9　2　4　=24；

（3）2　4　2　9　=24；　　　　（4）2　2　4　8　=24；

（5）2　2　8　4　=24；　　　　（6）8　4　2　2　=24；

（7）2　8　2　4　=24；　　　　（8）5　8　2　2　=24；

（9）3　3　3　3　=24；　　　　（10）3　9　6　2　=24；

（11）8　6　5　7　=24；　　　　（12）5　6　8　2　=24；

（13）2　3　7　9　=24；　　　　（14）3　7　9　2　=24；

（15）3　7　2　9　=24；　　　　（16）2　9　2　8　=24；

（17）3　7　9　2　=24；　　　　（18）6　5　2　8　=24；

（19）2　5　8　6　=24；　　　　（20）8　2　5　6　=24；

（21）8　5　6　2　=24；　　　　（22）6　5　2　8　=24；

（23）5　5　3　3　=24；　　　　（24）2　4　6　3　=24；

（25）4　6　2　3　=24；　　　　（26）6　2　4　3　=24；

（27）5　1　2　8　=24；　　　　（28）5　1　8　2　=24；

（29）2　5　8　1　=24；　　　　（30）3　7　5　4　=24；

（31）3　5　4　8　=24；　　　　（32）3　4　6　6　=24；

（33）3　8　6　4　=24；　　　　（34）3　4　7　7　=24；

（35）4　7　3　8　=24；　　　　（36）3　4　7　9　=24；

（37）7　8　5　3　=24；　　　　（38）3　5　7　9　=24；

（39）3 5 8 8 ＝24; （40）5 3 9 8 ＝24;

（41）3 4 8 9 ＝24; （42）3 9 4 9 ＝24;

（43）3 5 5 6 ＝24; （44）3 5 5 8 ＝24;

（45）6 5 7 3 ＝24; （46）3 6 5 8 ＝24;

（47）3 5 6 9 ＝24; （48）3 6 6 6 ＝24;

（49）3 6 6 8 ＝24; （50）3 6 6 9 ＝24;

（51）3 7 7 6 ＝24; （52）3 6 7 8 ＝24;

（53）3 8 8 6 ＝24; （54）3 9 9 6 ＝24;

（55）7 9 9 3 ＝24; （56）3 8 8 8 ＝24;

（57）3 9 8 8 ＝24; （58）3 8 9 9 ＝24;

（59）3 7 7 7 ＝24; （60）3 7 7 8 ＝24。

2. 提高练习题

（1）王先生到某公司应聘，该公司前3个月是试用期，试用期每月工资1600元；试用期结束后第一个月工资1800元，以后每月工资比上个月多25元。若王先生工作一年，则这一年收入多少元？

（2）某班有55名学生，语文测验，有41人及格；数学测验，有38人及格。如果语文、数学都不及格的有11人，请问这个班都及格的有多少人？

（3）实验小学五年级的同学围成5圈观看文艺演出，一圈套一圈，从外向内各圈人数依次减少10人，最外圈共有86人。请问实验小学五年级共有多少名同学？

（4）苹果、梨各有若干个，如果5个苹果和3个梨装1袋，那么梨正好装完，还剩4个苹果；如果7个苹果和3个梨装1袋，苹果正好装完，梨还剩12个。请问苹果和梨各有多少个？

（5）将2020减去它的 $\frac{1}{2}$，再减去余下的 $\frac{1}{3}$，再减去余下的 $\frac{1}{4}$，再减去余下的 $\frac{1}{5}$……直到最后减去余下的 $\frac{1}{2020}$。请问所得结果是多少？

（6）小红、小王两个人沿直线进行跑步比赛，小红先出发，她的速度是4.8米/秒，跑了10秒钟后，小王出发，再过2分钟，小王追上小红。小王的跑步速度是多少？

（7）小明有30个球，给小李3个球后，小明的球数刚好是小李的3倍。请问小李本来有多少个球？

（8）存4000元3个月的定期存款，年利率是1.35%，3个月到期后一共可以取回多少元？（无利息税）

3. 经典练习题

（1）某同学存入300元的3年定期存款，存满3年后，共得本息和为308.25元。3年定期存款的年利率是多少？（无利息税）

（2）某学校有学生960人，其中510人订阅《数学报》，330人订阅《语文报》，120人订阅《英语报》。有270人订阅其中两种报刊，有58人订阅这三种报刊。请问这所学校中这三种报刊都没有订阅的有多少人？

（3）一间多媒体教室有15排座位，每排座位都比前一排多1个座位，最后一排有30个座位。请问一共能坐多少人？

（4）今年育才集团新来了4位老师，育才集团有4所小学，想每所小学都安排1名老师，3位有关老师建议这样安排：

李老师：丙去育才一小，乙去育才二小。

王老师：丙去育才二小，丁去育才三小。

张老师：甲去育才二小，丁去育才四小。

总校校长最后吸取了每位有关老师建议的一半。请问校长是怎么分的？

（5）随机抽取某城市30天的空气质量状况统计，如下表所示：

污染指数	40	70	90	110	120	140
天数	3	5	10	7	4	1

其中污染指数小于或等于50时，空气质量为优；大于50且小于或等于100时，空气质量为良；大于100且小于或等于150时，空气质量为轻微污染。

如果要利用扇形统计图表示空气质量的优、良及轻微污染，那么它们所对应的扇形的面积之比为多少？

（6）蓄水池有甲、丙两根进水管和乙、丁两根出水管，要注满一池水，单开甲要3小时，单开丙要5小时。要排完一池水，单开乙要4小时，单开丁要6小时。现在池内有$\frac{1}{6}$的水，按甲、乙、丙、丁，甲、乙、丙、丁，…的顺序轮流各开1小时，多长时间后水开始溢出水池？

答 案

1. 基础练习题

（1）$2 \times (4+9) - 2 = 24$；　　（2）$2 + 9 \times 2 + 4 = 24$；

（3）$2 + 4 + 2 \times 9 = 24$；　　（4）$2 \times 2 \times 4 + 8 = 24$；

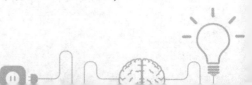

(5) $2×(2×8-4)=24$;

(6) $8×(4-2÷2)=24$;

(7) $2×8+2×4=24$;

(8) $(5+8)×2-2=24$;

(9) $3×3×3-3=24$;

(10) $3×9-6÷2=24$;

(11) $(8-6)×(5+7)=24$;

(12) $5×6-8+2=24$;

(13) $2×(3×7-9)=24$;

(14) $3×(7+9)÷2=24$;

(15) $3×(7-2)+9=24$;

(16) $2×9-2+8=24$;

(17) $3×[(7+9)÷2]=24$;

(18) $(6-5+2)×8=24$;

(19) $2×5+8+6=24$;

(20) $(8-2)×5-6=24$;

(21) $(8-5)×(6+2)=24$;

(22) $[6-(5-2)]×8=24$;

(23) $5×5-3÷3=24$;

(24) $2+4+6×3=24$;

(25) $4×(6÷2+3)=24$;

(26) $(6-2+4)×3=24$;

(27) $(5×1-2)×8=24$;

(28) $(5-1)×(8-2)=24$;

(29) $2×(5+8-1)=24$;

(30) $3×(7-5)×4=24$;

(31) $3×(5-4)×8=24$;

(32) $3×(4+6)-6=24$;

(33) $3×(8-6)×4=24$;

(34) $3+4×7-7=24$;

(35) $4×(7-3)+8=24$;

(36) $3×(4+7)-9=24$;

(37) $7×(8-5)+3=24$;

(38) $3+5+7+9=24$;

(39) $3+5+8+8=24$;

(40) $5+3×9-8=24$;

(41) $3+4+8+9=24$;

(42) $3×(9-4)+9=24$;

(43) $3×(5+5)-6=24$;

(44) $(3+5-5)×8=24$;

(45) $6×(5+7)÷3=24$;

(46) $3×(6-5)×8=24$;

(47) $3×(5+6)-9=24$;

(48) $(3+6÷6)×6=24$;

(49) $(3+6-6)×8=24$;

(50) $3+6+6+9=24$;

(51) $(3+7÷7)×6=24$;

(52) $3+6+7+8=24$;

(53) $(3+8÷8)×6=24$;

(54) $(3+9÷9)×6=24$;

（55）(7+9÷9)×3=24；　　（56）(3+8-8)×8=24；

（57）3×(9-8)×8=24；　　（58）3×8×9÷9=24；

（59）3+7+7+7=24；　　　（60）(3+7-7)×8=24。

注：部分答案不唯一。

2. 提高练习题

（1）这一年收入21 900元。

（2）这个班都及格的有35人。

（3）实验小学五年级共有330名同学。

（4）苹果有84个，梨有48个。

（5）所得结果是1。

（6）小王的跑步速度是5.2米/秒。

（7）小李本来有6个球。

（8）3个月后一共可以取回4013.5元。

3. 经典练习题

（1）3年定期存款的年利率是2.75%。

（2）这个学校没有订阅任何报刊的有386人。

（3）这间多媒体教室一共能坐345人。

（4）甲去育才二小，乙去育才四小，丙去育才一小，丁去育才三小。

（5）1∶5∶4。

（6）20小时45分钟后水开始溢出水池。

◆ 数学在生活中的运用

在本文中，我想回答"数学有什么用"这个问题。我希望这篇文章能够引起人们对于数学的足够重视，不要低估了它的价值，虽然这对于它来说没有任何妨碍。

在实际生活中，我们在任何时候都不能脱离与数学的联系，无论时间是多么短暂。

张三比李四高一点儿；同样的树，远处的看上去低，近处的看上去高；今天的风比昨天的大……这许许多多的比较，都是人们在受到数学的锻炼以后，才能轻松获得的。

从白马湖去上海，就比从宁波去上海要多准备一些路费，要多带一些物品，要多留出几天的空闲；准备一个月的粮食，比准备一天的粮食要多储存一些米；到山上跑步的时候，看见太阳快要落山，就得加快脚步，才能避免在黑夜奔走……这一类的事情，也不是那些没有受过数学锻炼的人所能感受的。

有一本一百页的书，打算五天看完，平均每天应当看多少页？请一个人做了三天工，要付给他多少工钱？想要缝制一件长衫，要买多少布才能刚刚好？

这些自然都是很浅显明白的，没有一个人能够否认数学的作用。但是，数学对于人类的贡献如果只有这一点儿，也就不值得我们去学习了。即使不得不学，那也是一件轻而易举的事。

以前的商人，懂得了"小九九"[①]便可受用不尽，如果还知道点儿"飞归"[②]的，就会被人称赞，实在是一个优秀的人物了。对于这点，没有人还去怀疑数学的用途，但是因此来赞美数学，它虽然未必喊冤叫屈，也绝不会安心。

一般人对于数学而言，反而觉得越学习越没有用途，这是数学所引以为憾的，虽然它的目的不全在于给人们以用途。

人类与别的生物不同，能够享受比较满足、比较愉快的生活，全是凭借他们的思想。数学就是思想最重要的工具，在21世纪，想找到一种不受数学影响的思想界产物，恐怕是不可能的吧？

以前，人们在空闲的时间到剧院里去听戏，或到音乐会去听音乐，或到演讲会中去听讲演，都能发现一个令人痛苦的事儿——如果不是力量大，腿长或富裕的人，必定被挤到人群的后面，到一个毫不起眼的位置，真是乘兴而去败兴而归！

你能想象一个可以容纳五六千人，没有一个人坐着听讲的讲堂，是只用了一个极其简单的代数式 $y^2 = 70.02x$ 就可以建立起来的？

凭借这样一个极其简单的式子，工程师们坐在屋里，吸着雪茄，把一切墙体的形式、天花板的高度等，毫不费力地决定

---

① 乘法口诀，如一一得一，一二得二，二五一十等。也叫九九歌。
② 珠算中两位数除法的一种简捷的运算方法，将归除合并，做成口诀，归后不用商除，以简化运算程序。参阅宋代杨辉所著《乘除通变算宝》。

出来，而且不差分毫。这不是什么神奇的事情，仅仅依靠声浪直线行进和投射角相等的角折回的性质，和一个代数式的几何曲线性质，就可以完美解决了！

对于更雄伟、更美观的建筑，数学也有同样的贡献。除了丁字尺、三角尺、圆规，还有什么方法可以化方成圆、截长补短呢？

$$(a+b)^2 = a^2 + 2ab + b^2;$$
$$(a+b)^3 = a^3 + 3a^2b + 3ab^2 + b^3;$$
$$(a+b)^4 = a^4 + 4a^3b + 6a^2b^2 + 4ab^3 + b^4。$$

这样的式子，不像钞票一样明白地显示它的作用，哪里知道经济学也和它关系密切呢？债券的价格、拆换、生命保险、火灾保险，都要以它为根据。

虽然依照上面的说法，把数学所给予人们的，讲得比一般人想象的大了一点儿，但是仍然不能表达它真实伟大的贡献。如果从天文学上考察，可以使人们感到更加惊异，从而更加相信它的作用。

太阳已经落到西边去了，在月光皎洁的晚上，我们眼里所看到的美，不是挂了满天的星星吗？有闪烁的，有飞舞的，一般人都用"无数"两个字来形容它们的繁多。

霜落邗沟积水清，寒星无数傍船明。数学对于人们所不能数清的星星，却用了几个简单的式子，就能表达出它们运行的轨迹，凭借式子就可以决定它们在某个时间的相关位置，比肉眼所看见的还要精准。

在海王星没有被发现的时期，因为研究关于星的扰动，许多天文学家就利用数学方法找出了它运行的轨道。当它运行到望远镜可以观察到的位置时，亚当斯和他的朋友按计算所得的轨迹将望远镜移转，这被数学锁定的海王星果然无从逃避，被他们看见了，这在以前是不可能实现的。

数学在哲学领域占有相当的地位，这从人类文化开始萌芽的时候就是如此。柏拉图教他的弟子学习哲学，要求他们先学几何来锻炼思想。毕达哥拉斯的哲学和数学更分不了家。其实很难找出不受数学洗礼的哲学家，读过哲学史的人，大都会认同这个观点。逻辑算是哲学的基础了，数理逻辑（Mathematical Logic）的创建，使哲学的研究得到了较大的发展。

数学上对于"连续"和"无限"的研究，得到了完美的结果以后，哲学上的很多疑问，也就可以得到解答了。数学和哲学在某些方面是很难区分的，因此数学不只是理科的基础。假使哲学在人的思想界能显出更大的作用，数学所体现的价值也就更大了，何况它所加惠于人们的还不止这些呢？

数字中间的奇妙变化，给人们的美感是无法言喻的。从1到无穷的整数中，整数是无穷的；从1到2之间的数也是无穷

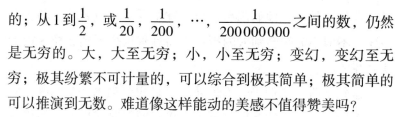

的；从 1 到 $\frac{1}{2}$，或 $\frac{1}{20}$，$\frac{1}{200}$，…，$\frac{1}{200\,000\,000}$ 之间的数，仍然是无穷的。大，大至无穷；小，小至无穷；变幻，变幻至无穷；极其纷繁不可计量的，可以综合到极其简单；极其简单的可以推演到无数。难道像这样能动的美感不值得赞美吗？

数学所给予我们的已经很多，但是我想，从精神层面将我们居住的世界扩展延伸出去，使人们不局限于现实的空间内，这才是数学最大的恩惠。要说到这一层，较详细的叙述实在无法免去。

假如我们想象有种在直线上生活的人，他的行动只有前进和后退，无论上下、左右都不能改变方向。如果我们在他的前后都加上极薄、极短的阻隔，并且不允许他冲破这个阻隔，那么他只有困在里面了。

在我们看来，这是何等的可笑！脚一提或左右一移动就可以得到生路了。但是这只是我们这些没有在直线方向活动的人替他想到的，他无法领会。

比他更进步的人，假定他不但是能在直线上进行活动，而且在平面内也能进行活动。但是，只要在他所在的平面上围绕他画一个圈，虽然这圈是用墨笔画的，看不出它的厚度来，但是只要不允许他冲破，也就可以限制他的活动，从而困住他了。

我们用我们的智慧可以指示他，叫他毫不费力地跳一下就可以出来。但是"跳"是上下的活动，是他不能理解的，所以这样的指示就和对牛弹琴一样，不能给他提供任何帮助，这也是我们作为旁观者认为可笑的。

我们笑他们，他们固然也只能够忍受了，或者他们和我们一样，不但不能领会别人的指示，而且永远想不到那样的指示是存在的。

这句话听起来似乎令人惊异。但是我要提出一个问题：假如有人用一张很薄的纸做成箱子，将我们封闭在里面，不许我们扯破箱子，我们能够出来吗？

直线世界的人不会打破他前后的阻碍而不能出来，我们笑他；平面世界的人不会打破他四周的围圈而不能出来，我们笑他。那么我们自己呢，不过多了一条出路，即上下，如果把这条出路一同封住，也就只有坐以待毙了，难道这不应当受到讥笑吗？

这是不应当的，因为我们和他们有一点不同。他们的困难是我们所能战胜的，我们的困难是不能战胜的。因为除了前后、左右、上下三条路，没有第四条路。这样的解释，不过勉强用来安慰自己罢了。

我们在立体世界想不出第四条路，和他们在直线世界想不出第二条路，在平面世界想不到第三条路，不是一样的吗？不是只凭各自的生活环境设想吗？

直线世界的人不能因为他们的想象所不能及，而否认平面世界人的第二条路；平面世界的人不能因他们的想象所不能及，而否认我们的第三条路。我们有什么权利因我们的想象不能及，而否认第四条路呢？

如果不将第四条路否认掉，那么第五、第六条路也就同样地难以否认了。有了三条路以外的路，不打破薄纸做成的纸箱，立体世界里除了愚笨的人，还有谁出不来呢？这样的说法，现实世界的人们除了惊讶摇头之外，只有用实际的生活作为武器来反击。

在立体世界里，第四条路是找不到的。但是这样由合理的推论得到的理想世界，这里只是比喻，数学上自有基于理论的证明，使我们的精神生活不局限在时空以内，这是何等伟大的成就！

不费一矢，不伤一人，不和任何人相角逐，在立体世界以外，开拓了第四、第五甚至更多条路来。不占有而享受，精神世界的领域何等广袤！这就是数学所给予人们的！

基本公式与例解

1. 基本概念与公式

四则运算是数学最基本的内容，人们通过"＋""－""×""÷"就可以表示事物的增多、减少或倍数的关系。随着社会的发展和商业的进步，中国以前的商人通过"九九歌"和"珠算"，为他们的账务计算和统计提供了很大的便利。

现在，四则运算不但是学习其他有关知识的基础，更与我们的生活息息相关，其关系如下：

$$加数 + 加数 = 和，$$

$$被减数 - 减数 = 差，$$

$$因数 \times 因数 = 积，$$

$$被除数 \div 除数 = 商。$$

例1：王老板去进货，一匹布单价是50个铜板（以前的一种货币），每20匹布九折，请问王老板买20匹布需要多少个铜板？王老板进货路上花路费100个铜板，回来后他以每匹布90个铜板出售，卖出16匹后，剩下的六折出售，请问这些布王老板赚了多少钱？

解：$50 \times 20 \times 90\% = 900$（个），$900 + 100 = 1000$（个）。

$90 \times 16 + 90 \times (20 - 16) \times 60\% = 1656$（个），

$1656 - 1000 = 656$（个）。

答：这些布王老板赚了656个铜板。

例2：小李要养70只鸽子，4只鸽子放在一个笼子中，小李要准备多少个笼子？

解：$70 \div 4 = 17$（个）……2（只），$17 + 1 = 18$（个）。

答：小李要准备18个笼子。

利用数学知识，王老板可以快速算出进20匹布多少钱，这次生意成本多少钱，赚了多少钱。小李可以快速知道自己需要多少个笼子，节约了时间。同样的，学习数学也可以为我们的生活提供很多便利。

例3：小红去超市买洗衣液，有两种在促销。第一种8元500毫升，第二种10元500毫升赠送80毫升。请问买哪种更划算？

解：（方法一）$500 \div 8 = 62.5$（毫升）；

（$500 + 80$）$\div 10 = 58$（毫升）。

第一种1元钱买62.5毫升，第二种1元钱买58毫升，所以买第一种更划算。

（方法二）$8 \div 500 = 0.016$（元）；

$10 \div （500 + 80）\approx 0.017$（元）。

第一种1毫升0.016元，第二种1毫升约0.017元，所以买第一种更划算。

答：第一种更划算。

例4：为期49天的暑假到了，小红计划在假期读完3本课外读物。已知这3本书一共882页，小红每天读多少页能够正好读完呢？两个星期后小红要和家人去度假，5天不能读书，回来后她需要每天多读几页才能完成计划呢？

解：$882 \div 49 = 18$（页）。

$18 \times 14 = 252$（页），

882－252＝630（页）。

49－14－5＝30（天），

630÷30－18＝3（页）。

答：小红每天读18页能够正好读完；度假回来后她需要每天多读3页才能完成计划。

例5：小张和小李开车分别从相距1260千米的两地同时出发，相向而行，6小时后相遇。若小张每小时行110千米，小李每小时行多少千米？

解：小张和小李每小时共行：1260÷6＝210（千米）。

小李每小时行：210－110＝100（千米）。

答：小李每小时行100千米。

在日常生活中，数学可以帮助我们理财、制定合理的计划方案、计算路程时间等，可以说与我们息息相关。

不仅如此，小到量体裁衣，大到计算星球的运行轨迹都需要利用数学知识才能完成。

2. 强化拓展

例1：按国家规定，个人综合所得的全年应纳税所得额（居民个人取得综合所得以每一纳税年度收入额减除费用六万元以及专项扣除、专项附加扣除和依法确定的其他扣除后的余额）不超过60 000元的部分要按3%缴纳个人所得税。去年一月份芳芳的工资为10 101元，而她当月专项扣除为四险一金2101元、专项附加扣除2000元。请问芳芳去年一月份的税后收入是多少元？（税后收入＝工资－四险一金－应缴税款）

解：（10 101－60 000÷12－2101－2000）×3%＝30（元），

10 101－2101－30＝7970（元）。

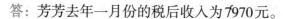

例2：用同样大小的瓷砖铺一块正方形地面（如图2.1-1所示）。两条对角线上铺黑色的，其他地方铺白色的。如果这块地面共用101块黑色瓷砖，那么需要多少块白色瓷砖？

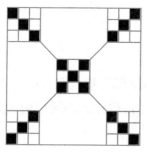

图 2.1-1

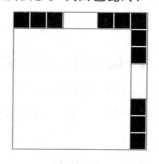

图 2.1-2

分析：我们可以让瓷砖"动"起来，把对角线上的黑瓷砖通过平移，移到两条边上（如图2.1-2所示），这一过程中瓷砖的位置发生了变换，但是数量没有变。此时白色瓷砖组成一个正方形：大正方形上能放（101＋1）÷2＝51（块）瓷砖，白色瓷砖组成的正方形的边上能放51－1＝50（块）白瓷砖，所以白瓷砖共用了50×50＝2500（块）。

解：（101＋1）÷2＝51（块），（51－1）^{2}＝2500（块）。

答：需要2500块白色瓷砖。

应用习题与解析

1. 基础练习题

（1）小明上学可以步行，也可以骑自行车，骑自行车要用7分钟，步行要用35分钟。一天早上他先骑自行车2分钟后，车

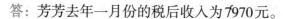

胎爆了，马上改为步行，那么他还要几分钟才能到学校？

考点：比例问题。

分析：骑车7分钟相当于步行35分钟，骑车2分钟相当于步行10分钟，所以还需要25分钟。

解：$35-35\times\dfrac{2}{7}=25$（分）。

答：他还要25分钟才能到学校。

（2）10名同学合影留念，最初3张照片共需6.5元，以后每加洗一张需0.5元。如果每人要1张照片，请问平均每人应付多少元？

考点：四则运算。

分析：一共需要洗10张照片，前3张需要6.5元，剩下的7张每张0.5元，加起来就是洗照片的钱数，10名同学再平均分就可以了。

解：$6.5+0.5\times7=10$（元），$10\div10=1$（元）。

答：平均每人应付1元。

（3）挖一个长方体蓄水池，它长8米，宽6米，高2米。这个蓄水池占地多少平方米？用水泥抹水池的四周和底面，抹水泥部分的面积是多少平方米？

考点：面积计算。

分析：用长×宽就等于这个蓄水池的占地面积，$6\times8=48$（平方米）。底面积+2个长边墙高+2个宽边墙高就是抹水泥的面积。

解：$6\times8=48$（平方米），

$48+2\times8\times2+2\times6\times2=104$（平方米）。

答：这个蓄水池占地48平方米；抹水泥部分的面积是104平方米。

（4）甲、乙两辆汽车分别以不同的速度同时从A、B两城相对开出，第一次在离A城60千米处相遇。相遇后两车继续以原速前进，到达目的地后又立刻返回，第二次相遇在离A城50千米处。请问A、B两城之间的路程是多少千米？

考点：行程问题。

分析：两车相遇一次就行一个全程，在这一过程中甲车行60千米；当两车第二次相遇时，就又行了两个全程，这样甲车就又行了60×2千米，前后共行60×3千米，这时甲车离A城50千米，60×3+50正好是两个全程，除以2，就是A、B两地之间的距离了。

解：（60×3+50）÷2=115（千米）。

答：A、B两城之间的路程是115千米。

（5）甲、乙两人各看一本同样的书，甲读了全书的$\frac{1}{3}$时，乙还剩60页，甲看了所剩下的一半时，乙正好看了全书的$\frac{1}{2}$。请问这本书共有多少页？

考点：比例问题。

分析：甲读剩下的一半，还是$\frac{1}{3}$，乙完成了一半，所以甲、乙读书的速度比为$\frac{2}{3}:\frac{1}{2}=4:3$。所以甲读了全书的$\frac{1}{3}$时，乙读了全书的$\frac{1}{4}$。

解：设全书共有x页。

$$x-60=\frac{1}{3}\div\left[\frac{1}{3}+\left(1-\frac{1}{3}\right)\times\frac{1}{2}\right]\times\frac{x}{2},$$

$$\frac{3}{4}x = 60,$$

$$x = 80。$$

答：这本书共有80页。

（6）加工一批零件，甲、乙合做12小时完成，乙单独做20小时完成。甲、乙合做完成任务时，若乙给甲87个零件，则两人零件的个数相等。请问这批零件有多少个？

考点：工程问题。

分析：合做完成时，乙加工了总数的$\frac{1}{20} \times 12 = \frac{3}{5}$，甲加工了总数的$1 - \frac{3}{5} = \frac{2}{5}$，乙比甲多加工$87 \times 2 = 174$个，所以零件共有$174 \div \left(\frac{3}{5} - \frac{2}{5}\right) = 870$（个）。

解：$\frac{1}{20} \times 12 = \frac{3}{5}$，$1 - \frac{3}{5} = \frac{2}{5}$。

$87 \times 2 = 174$（个），$174 \div \left(\frac{3}{5} - \frac{2}{5}\right) = 870$（个）。

答：这批零件有870个。

（7）甲、乙两车分别从A、B两地同时出发相向而行，7小时后相遇。已知甲车每小时比乙车快6千米，两车的速度比是6：5，请问A、B两地相距多少千米？

考点：行程问题。

分析：根据已知条件甲车每小时比乙车快6千米，两车的速度比是6：5，可以计算出甲车的速度为$6 \div (6-5) \times 6 = 36$千米/时，乙车的速度是甲车的$\frac{5}{6}$，也就是30千米/时。通过两车的速度和时间，可以求出距离为$(30+36) \times 7 = 462$（千米）。

解：$6 \div (6-5) \times 6 = 36$（千米/时），

$$36 \times \frac{5}{6} = 30 \text{（千米/时）}，$$

$$（30+36）\times 7 = 462 \text{（千米）}。$$

答：A、B 两地相距 462 千米。

（8）一项工程，甲独做要 10 天，乙独做要 20 天，现在由甲、乙两人合做 2 天，余下的由乙独做。请问还要多少天可以完成这项工程？

考点：归一问题。

分析：把整个工程看作"1"，甲独做要 10 天，乙独做要 20 天，就是一天甲可以做完整个工程的 $\frac{1}{10}$，乙可以做完整个工程 $\frac{1}{20}$。

解： $\left[1-\left(\frac{1}{10}+\frac{1}{20}\right)\times 2\right] \div \frac{1}{20}$

$$= \left(1-\frac{3}{10}\right) \div \frac{1}{20}$$

$$= \frac{7}{10} \times 20$$

$$= 14 \text{（天）}。$$

答：还要 14 天完成这项工程。

2. 巩固提高题

（1）明明看一本 400 页的漫画书，计划三天看完，第一天看了全书的 $\frac{3}{10}$，第二天看了全书的 $\frac{2}{5}$，第三天应从第几页看起？

考点：分数问题。

分析：第一天看了全书的 $\frac{3}{10}$，第二天看了全书的 $\frac{2}{5}$，两天一共看了整本书的 $\frac{7}{10}$，一共400页，就是说前两天一共看完了280页，所以第三天应从第281页看起。

解： $400 \times \left(\frac{3}{10} + \frac{2}{5} \right) = 280$（页）， $280 + 1 = 281$（页）。

答：第三天应从第281页看起。

（2）小红去买牙膏，同一品牌两种规格牙膏的售价如下：第一种120克的每支9元，第二种160克的每支11.2元。请问她买哪种规格的牙膏比较合算？

考点：归一问题。

分析：牙膏的克重和价格都不一样，无法进行直接比较。第一种方法可以根据已知条件求出买1克牙膏多少钱，第二种方法可以计算1元能买多少克牙膏，从而进行比较。

解：（方法一）9÷120=0.075（元），

11.2÷160=0.07（元）。

0.075＞0.07。

（方法二）120÷9≈13.33（克），

160÷11.2≈14.29（克）。

13.33＜14.29。

答：她买160克规格的牙膏比较合算。

（3）某商店昨天卖出2台不同品牌的洗衣机，每台按910元卖出，其中一台比进价提高了30%，而另一台则比进价降低了30%。请问商店卖出这两台洗衣机，总体来说是亏了还是赚了？亏或赚了多少钱？

考点：百分数计算。

分析：卖洗衣机得910×2=1820（元），洗衣机的总进价

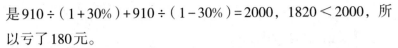

是 $910 \div (1+30\%) + 910 \div (1-30\%) = 2000$，$1820 < 2000$，所以亏了180元。

解：$910 \times 2 = 1820$（元），

$910 \div (1+30\%) + 910 \div (1-30\%) = 2000$（元）。

$2000 - 1820 = 180$（元）。

答：商店亏了180元。

（4）建筑工人用2份水泥、3份沙子、5份石子配制一种混凝土。配制6000千克这种混凝土，分别需要水泥、沙子、石子各多少千克呢？

考点：比例问题。

分析：2份水泥、3份沙子、5份石子配制混凝土，也就是说水泥占了混凝土的 $\dfrac{2}{2+3+5} = \dfrac{2}{10} = \dfrac{1}{5}$，沙子占 $\dfrac{3}{10}$，石子占 $\dfrac{5}{10} = \dfrac{1}{2}$。一共需要配置6000千克，按照比例计算就可以知道各需要多少千克。

解：$6000 \times \dfrac{2}{2+3+5} = 1200$（千克）；

$6000 \times \dfrac{3}{2+3+5} = 1800$（千克）；

$6000 \times \dfrac{5}{2+3+5} = 3000$（千克）。

答：需要水泥1200千克，沙子1800千克，石子3000千克。

（5）学校图书室有文艺书400本，比科技书的2倍少252本，那么文艺书和科技书共有多少本？

考点：四则运算。

分析：设科技书有 x 本，文艺书比科技书的2倍少252

本，就是 $2x - 252 = 400$。

解：$2x - 252 = 400$，

$$2x = 400 + 252,$$
$$2x = 652,$$
$$x = 326。$$

$400 + 326 = 726$（本）。

答：文艺书和科技书共有726本。

（6）小华存入银行10 000元，存期2年，年利率是2.25%，请问到期时的利息是多少元？（免利息税）

考点：四则运算。

分析：利息＝本金×利率×时间。存期2年我们这里记作"2"，即时间为2。

解：$10 000 × 2.25\% × 2 = 450$（元）。

答：到期时的利息是450元。

奥数习题与解析

1. 基础训练题

（1）某校需要买足球50个，现在甲、乙、丙三个商店的单价都是25元，但是各商店优惠方法不同。甲店每满10个赠送2个，不足10个不送；乙店每个优惠5元；丙店购物满100元返还现金20元。请问在哪个商店购买最省钱？

分析：甲店每满10个赠送2个，那么买40个的时候赠送8个，还要再单独买2个，总钱数就是 $25 × 40 + 25 × 2 = 1050$（元）。乙店每个便宜5元，就等于是每个20元，总钱数是

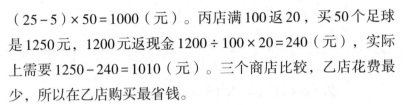

（25－5）×50＝1000（元）。丙店满100返20，买50个足球是1250元，1200元返现金1200÷100×20＝240（元），实际上需要1250－240＝1010（元）。三个商店比较，乙店花费最少，所以在乙店购买最省钱。

解：甲店：50÷（10＋2）＝4……2，

　　　25×40＋25×2＝1050（元）；

　　　乙店：（25－5）×50＝1000（元）；

　　　丙店：25×50＝1250（元），

　　　1200÷100×20＝240（元），

　　　1250－240＝1010（元）。

　　　由1000＜1010＜1050可知，在乙商店购买最省钱。

答：在乙商店购买最省钱。

（2）小李要给一间长8米、宽4.8米的客厅选购地砖，她选购了边长为80厘米的正方形地砖。已知每平方米地砖240元，11块地砖为一捆（地砖整捆销售）。

①铺好这间客厅小李买地砖需要花多少元？

②经过协商，店员同意将小李没有用的地砖收回并把钱退给她，实际上小李花费多少钱？

分析：铺好这间客厅需要（8÷0.8）×（4.8÷0.8）＝60（块）地砖，但是地砖整捆销售，所以要买6捆地砖，多余66－60＝6（块）没有用。地砖价格是每平方米240元，所以66块地砖是42.24平方米，一共10137.6元。

有6块没有用的地砖可以退回去，可退$6×0.8^2×240＝921.6$（元）；实际上小李买地砖花费了10137.6－921.6＝9216（元）。

解：①（8÷0.8）×（4.8÷0.8）＝60（块），

47

$60 \div 11 = 5$（捆）……5（块）。

（$5+1$）$\times 11 \times 0.8^2 = 42.24$（平方米），

$42.24 \times 240 = 10\,137.6$（元）。

② （$6 \times 11 - 60$）$\times 0.8^2 \times 240 = 921.6$（元），

$10\,137.6 - 921.6 = 9216$（元）。

答：铺好这间客厅小李买地砖需要花 10 137.6 元；实际上小李花费 9216 元。

2. 拓展训练题

（1）某公司 2019 年末资产总额为 2000 万元，其中流动资产 300 万元，负债总额为 800 万元，其中流动负债 200 万元。请问这家公司 2019 年末的资产负债率和流动比率各是多少？

分析：资产负债率 $= \dfrac{\text{负债总额}}{\text{资产总额}} \times 100\%$；

$\qquad$ 流动比率 $= \dfrac{\text{流动资产}}{\text{流动负债}} \times 100\%$。

解：$\dfrac{800}{2000} \times 100\% = 40\%$；$\dfrac{300}{200} \times 100\% = 150\%$。

答：这家公司 2019 年末的资产负债率是 40%，流动比率是 150%。

（2）某公司 2019 年末流动资产为 3000 万元，速动资产为 1500 万元，流动负债为 1500 万元。请问该公司 2019 年末的流动比率和速动比率各是多少？

分析：流动比率 $= \dfrac{\text{流动资产}}{\text{流动负债}} \times 100\%$；

$\qquad$ 速动比率 $= \dfrac{\text{速动资产}}{\text{流动负债}} \times 100\%$。

解：$\dfrac{3000}{1500} \times 100\% = 200\%$；$\dfrac{1500}{1500} \times 100\% = 100\%$。

答：该公司2019年末的流动比率是200%，速动比率是100%。

（3）一批零件，张师傅单独做20小时完成，王师傅单独做30小时完成。如果两人同时做，那么完成任务时张师傅比王师傅多做60个零件。请问这批零件共有多少个？

分析：由"张师傅单独做20小时完成，王师傅单独做30小时完成"可知，张师傅与王师傅工作效率的比为3∶2。可把这批零件分成5份，当两人合做时，张师傅完成3份，王师傅完成2份。再结合张师傅比王师傅多做60个零件可求解。

解：$\dfrac{1}{20} + \dfrac{1}{30} = \dfrac{1}{12}$，

$\left(\dfrac{1}{20} - \dfrac{1}{30}\right) \div \dfrac{1}{12} = \dfrac{1}{5}$，

$60 \div \dfrac{1}{5} = 300$（个）。

答：这批零件共有300个。

课外练习与答案

1. 基础练习题

（1）生产一批零件，甲独做要20天，乙的工作效率是甲的80%。如果两人先合做5天，剩下的由甲完成，还需几天？

（2）小华看一本书，第一天看了全书的$\dfrac{1}{6}$，第二天看了15页，这时已看的页数和未看的页数之比是3∶5。请问这本书共有多少页？

（3）一间办公室要用方砖铺地，用面积是4平方分米的方砖铺地需要 1350 块。如果改用边长 3 分米的方砖铺地，需要多少块？

（4）一项工程，甲、乙两队合做一天可完成全工程的 $\frac{1}{3}$，若此工程由甲队先独做 2 天，再给乙队独做 3 天，能完成全工程的 $\frac{13}{18}$。请问甲、乙两队单独完成这工程各需多少天？

（5）某车间一月份生产机床 250 台，以后每个月都比上个月增产 20%，第一季度就完成了全年计划的 $\frac{5}{12}$，那么这个厂计划全年生产机床多少台？

（6）一本书有 200 页，第一天读了全书的 $\frac{1}{5}$，第二天读的是第一天的 $\frac{3}{4}$，请问第二天读了多少页？

（7）一套西服 300 元，已知上衣的价格是裤子的 $\frac{3}{2}$，上衣和裤子的价格各是多少元？

2. 提高练习题

（1）育人校服厂计划生产一批校服，五月份完成了计划的 40%，六月份生产了 1200 套，还剩下总任务的 $\frac{1}{5}$。请问这批校服一共有多少套？

（2）小明和小红所集邮票数量的比是 5∶6，小明给小红 10 枚邮票后，小明和小红邮票数量的比是 4∶5。请问小明和小红一共有多少枚邮票？

（3）加工一批零件，甲单独做要用 16 小时完成，乙单独做每小时能加工零件 108 个。当他们共同完成任务时，甲加工的个数占总数的 62.5%。请问一共加工零件多少个？

（4）一辆客车和一辆货车分别从 A、B 两地同时出发，相向而行，客车行完全程需 4 小时，货车行完全程需 6 小时。

两车相遇时，正好在离 A、B 两地的中点 36 千米处。请问 A、B 两地的距离是多少千米？

（5）教育储蓄所得的利息不用纳税。爸爸为笑笑存了三年期的教育储蓄基金，年利率为 5.40%，到期后共领到了本金和利息 23 240 元。请问爸爸为笑笑存的教育储蓄基金的本金是多少元？

（6）小红的爸爸将 5000 元钱存入银行 3 年，年利率是 2.75%，到期后可取回本金和利息共多少元？（免利息税）

（7）甲仓存粮 420 吨，乙仓存粮 300 吨。从甲仓搬进乙仓多少吨，才能使甲、乙两仓存粮的质量比是 5∶4？

3. **经典练习题**

（1）小军读一本书，第一天读了全书的 20%，第二天读了全书的 25%，这样还余下 33 页没有读。请问小军第一天读了多少页？

（2）六（1）班进行了两次读书竞赛，成绩都达到了优秀或良好。第一次成绩优秀和良好的人数恰好相等，第二次成绩优秀的人数比第一次多 3 人，且第二次成绩优秀和良好的人数的比是 5∶4。请问这个班有多少人？

（3）有一个圆柱形的塑料杯，倒入 200 毫升的温水，水的高度只有杯高的 $\frac{1}{3}$。已知这个圆柱形杯子的底面积是 40 平方厘米，这个杯子的高是多少厘米？

（4）一辆客车从车站出发，全车座位刚好坐满了人，到甲站时有 19 人下车，12 人上车，这时车上空出了 $\frac{1}{5}$ 的座位，这辆车上共有多少个座位？

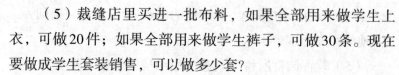

（5）裁缝店里买进一批布料，如果全部用来做学生上衣，可做20件；如果全部用来做学生裤子，可做30条。现在要做成学生套装销售，可以做多少套？

（6）水果店运来一些苹果和梨，梨是苹果的 $\frac{5}{7}$，苹果卖掉300千克后，苹果是梨的 $\frac{4}{5}$。请问运进苹果和梨各多少千克？

（7）一种什锦糖由水果糖、奶糖、酥糖按 $3:7:2$ 混合而成，要配成600千克这种什锦糖，需要水果糖、奶糖、酥糖各多少千克？

答 案

1. 基础练习题

（1）还需11天。

（2）这本故事书共有72页。

（3）需要600块。

（4）甲工程队需要3.6天，乙工程队需要18天。

（5）这个厂计划全年生产机床2184台。

（6）第二天读了30页。

（7）上衣180元，裤子120元。

2. 提高练习题

（1）这批校服一共有3000套。

（2）小明和小红一共有990枚邮票。

（3）一共加工零件2880个。

（4）A、B两地的距离是360千米。

（5）爸爸为笑笑存的教育储蓄基金的本金是20 000元。

（6）到期后可取回本金和利息共5412.5元。

（7）从甲仓搬进乙仓20吨，才能使甲、乙两仓存粮质量的比是5：4。

3．**经典练习题**

（1）小军第一天读了12页。

（2）这个班学生有54人。

（3）这个杯子的高是15厘米。

（4）这辆车上共有35个座位。

（5）现在要做成学生套装销售，可以做12套。

（6）运进苹果700千克，梨500千克。

（7）需要水果糖150千克，奶糖350千克，酥糖100千克。

◆ 数字现象与运用

　　为了避开城市的喧嚣，我搬到了乡间居住。在屋外有一大片荒芜的草地，当我第一次进到屋子里面时，它所给我的，除了凄凉，再没有别的什么了。

　　似乎有一张灰黄色的网覆盖着它，风又不时地从它的上面拂过，使它露出似乎透不过气来的神色。于是，我同时也感受到了生命的脆弱，生活的紧张。整整一个下午，我便在这样的心境中度过。

　　夜来了，上弦月挂在窗户的左上角，那草地好像也静静地休息着，将我的局促感也荡涤了去，母亲的身影走进了我的心里。已有十七八年不曾见到她的身影，现在浮现在我的眼前，虽然免不了怅惘，同时也尝到些甜蜜。这是多么幸福呀！来自母亲灵魂的抚慰！

　　那时，我不过 6 岁，也是一个月夜，4 岁的小妹和我倚傍着母亲坐在院子里，她教我们将手指屈伸着，数一、二、三、四、五……妹妹数不到三十就

要倒回去，我也不过数到五十六七便也思绪不清。

母亲先是笑我们的愚笨，后来无论她怎样引导，我们还是没有一点儿进步。她似乎有些着急了，便开始责备我们："这样笨，还数不到一百。"从那时候起，我就有这样一个牢不可破的观念，数目数不清的人就是笨汉。

"笨汉"这个名词，从我们一家人的口中说出来，含有不少令人难堪之意，觉得十分可耻。我于是有些惶恐，总怕我永远不会数到一百个数，一百个数就是数的全体了，能将它数清的便是聪明人而非笨汉，我总是这样想。

也不知道经过多少日子，一百个数，我总算数清了，然而并不曾感到可以免当笨汉的快乐，多么不幸呀！刚将一百个数勉强数得清楚，一百以上还有一千，这个模糊的印象又钻进了我的脑海里。

不过，对于一千已经没有以前那样恐惧了，因为一千这个数是从两条草绳穿着的铜钱指示给我的。在那上面，左右两行，每行五节，每节便是一百。

我不会从一百零一顺着数到二百零一、三百零一以达到一千，但是我却知道所谓一千就是十个一百。这个发现，我当时尝试过好多铜钱串子，居然没有一次失败，我很高兴。

有一天，我倒在母亲的怀里这样问她："妈妈，十个一百是不是一千？"她笑着回答我一个"是"字，摸摸我的头。我真是欢喜极了，一连好几天，走进走出，坐着睡着，一想到这个发现，就感到十分快活。

可惜得很！这种快活感不久就被驱逐走了！原来，我已7岁，祖父正在每天教我读十多句《三字经》，终于读到一而

十、十而百、百而千、千而万……都是10倍10倍的，完全将我的头脑弄昏了。

这个恐惧虽然不是很严重的压迫着我，但是确实有很多次，在我的心上染了一些黑点儿。一直到我进入小学学数学，知道了加、减、乘、除，才将这个不能把数完全数清的恐怖念头深埋下去。

今夜，这些回忆将我缠绕得很紧，祖父和母亲那慈祥而和蔼的容颜，使我感到温暖、愉悦。同时对于数的不能理解，使我感到超过了恐怖以上的烦恼，无论怎样，我只想到一些数给我带来的困扰！

说实话，这时，我对于数这个奇怪的东西，比起那被母亲说我笨的时候，总是多了解一点儿了。然而，这对我有什么用处呢？正因为多知道了这一点，越把自己不知道的显现得更明白。

那居然能将一百个数数清时的快乐，那发现一千便是十个一百时候的喜悦，以后将不会再有了吧！它们正和我的祖父、我的母亲一般，只能在梦幻或回忆中来慰藉我了吧！

平时，把数写到十位二十位，不但读起来不方便，而且要计算和它们有关的数，也会觉得麻烦。在我们的脑海里，常常想到的数最多十位左右。超过这个限度，在我们的感知上，就和无穷大没有什么差别，这真是无可奈何。

有些数，我们可以用各种方法去研究它，但是我们却永远不能看见它的面目，这是多么奇特啊！下面我就随便举一个例子吧。

莫尔黑德在1906年发现了 $2^{273}+1$ 这么一个数，它是可以

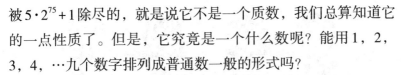

被 $5 \cdot 2^{75} + 1$ 除尽的，就是说它不是一个质数，我们总算知道它的一点性质了。但是，它究竟是一个什么数呢？能用 1，2，3，4，…九个数字排列成普通数一般的形式吗？

随便想想，这不过是乘法的计算，凭借我们已知的法则，一定可以将它算出来，但是实际上却做不到。先说它的位数，就很惊人了，它应当有 $0.3 \times 9444 \times 10^{18}$ 位，比 2.7×10^{21} 个数字排成的数还要大得多。

让我们来看 2.7×10^{21}（就是 27 后面有 20 个 0）这个数，比如说一个数字只有一毫米宽，这在平常已经算很小了，但是这个数排列起来就有 2.7×10^{15} 千米长，可以把地球的赤道围绕 6×10^{10} 圈，甚至还要更长，我们怎么有这么长的绳子呢！

再说我们真正将它写出来（假如已经知道它），每秒钟写一个数字，每天足足写十个小时，一年 365 天不间断，要写多长时间呢？这很容易计算，$(2.7 \times 10^{21}) \div (60 \times 60 \times 10 \times 365) \approx 2 \times 10^{14}$ 年。

像这么大的数，除了对它感到惊异，我们还能做点什么呢？但是，数这个宝贵的东西，不只本身可以使人们感到惊异，就是它的变化也能令我们吃惊。我下面随便举一个例子吧！

有一天，八个同学围坐在一张八仙桌旁学习，有两个同学因为选择座位而起了争论。由此，我便联想起了八个人排列的变化，现在把它来作为一个讨论的问题。

八个人围着一张八仙桌，调换着次序坐，究竟有多少种坐法呢？甲说十六，乙说三十二，丙说六十四……说来说去，没有一个人说到一百以上。这样的回答，与真实的数相差很远！

最终我们便呆板地算起来，两个人有两种排法，三个人有6种，就是 $1 \times 2 \times 3$，推下去，四个人有24种，$1 \times 2 \times 3 \times 4$，五个人有120种，$1 \times 2 \times 3 \times 4 \times 5$……八个人便有 40 320 种排法。

这样的数，虽然是按照理论计算出来的，然而几乎没有人肯相信实际上真是这样。

我们八个人可以在那个学校的时间只有四年，就算一年365天都不离开，再加上有一年是闰年，应该多一天，总共也不过1461天。每日三餐，大家围坐那八仙桌不过4383次。每次变着法儿就座，所能变化出来的花样，还不及那真实数目的 $\frac{1}{9}$。

数，它的本身，它的变化，使不可穷究的天地在我们的眼前闪烁，反衬出我们多么渺小，多么微弱！

会数了一百还有一千，会数了一千还有一万，总是数不完，于是，连一百也不去数了。

几个人排来排去，很难将所有的花样排完，所以干脆死板地坐着一动不动。这样，不但可以遮盖自己的愚笨，还可以嘲笑别人的愚笨。呵！高人雅士，我们常常在被嘲笑之中崇敬他们，欣羡他们！

数，反衬出我们的渺小，高人雅士的嘲笑，并不能使我看出他们的伟大，反而使我感到莫名的烦恼和苦闷！然而这些烦恼和苦闷是从贪生出来的，人总是贪生的，我们能得到另一条生路吗？

我曾经从一开始，一个一个地数到一百，但是我对于一千，却是从一百一百地数而知道它是十个一百的。莫尔黑德不知道 $2^{273}+1$ 究竟是一个什么样的数，但是他却找出了它的一个因数。

八个人围坐在一张八仙桌的四周学习，用四年的光阴，虽然变化不完所有的花样，但是我们坐过几次，就会得到一个大家相安的坐法。从这上面，我得到了另一种启示。

人是理性的动物，这是一句很多人常常挂在嘴边的老话。说到理性，很自然地容易想到计较、打算。那么，怎样才能打算得清楚、计较得精明呢？我想最好是求助于数了。

不过这么一来，话又得说回来。要是真能用数打算、计较得一点儿不含糊，那结果也许会令人咂舌，甚至叫人觉得更加没有办法。

八个人坐八仙桌，有 40 320 种坐法。在这 40 320 种坐法当中，要想找出一种最中意的来，有什么方法呢？我们能够一种一种地排了来看，再比较，再选择，最后才按照最中意的去坐吗？这是极聪明、可靠的方法！然而同时也是极笨拙、极难做到的方法。所以恐怕是不可能的吧！

美酒佳肴摆满了一桌子，诱惑力有多大，有谁能够不对着它们垂涎三尺呢？要等着慢慢地排座位，谁愿意等待呢？然而就因为迫不及待，便胡乱坐下吗？不，无论哪个人都要经过一番选择才能安心。

在数的纷繁变化中，在它广阔的领域里，人们喜欢选择使自己安适的，而且居然可以选择到，这就是奇迹了。固然，我们可以用怀疑的态度来批评它，也许那个人所选择的并不是他所期望的。然而这样的批评，只好用在谈说空话的时候。

人真正在走着自己的路时，何等急迫、紧张、狂热，哪儿还管得了其他呢？平时，我们可以看到一些闲散之人，无论他们想到什么地方去，即使明明知道时间来不及了，他依然还能够悠然地等候车辆。

然而，他的悠然只是他的不紧张的结果。要是有人在他的背后用手枪逼着，除了到什么地方去，便无法逃命，他还能那般悠然吗？纵然，在他的眼前只是一片泥水塘，他也只好狂奔过去了。不过，这虽然是在紧迫的状态中，我们留心去看，他也还在选择，在当时他也总是照他觉得最好的一条路去走。

我们可能有一见如故的朋友，这样的朋友，才是真的朋友，他们才是真正能够使我们生活变得温暖的。然而，我们之所以认识他们，正是在我们急迫的生活中，凭借一种莫名的力量选择的结果。

这个选择和一般的所谓打算、计较有着不同的意味，可惜它很容易受到所谓的理性的限制。我们要想过上丰润的生活，不得不让它温暖、自由地活动。

数是这样启示我的，要支离破碎地去追逐它，对它是无法理解的。真要理解，另有一条路在我们的生活中，好像也正有这样明朗的星光照耀着！

基本公式与例解

1. 基本概念与公式

人类最早用来计数的工具是手指和脚趾，但它们只能表示20以内的数。当数目很多时，大多原始人就用小石子来记数。随着社会的发展，这些已经不能满足人类的需求，人类又发明了打绳结、刻画记数的方法，在兽皮、兽骨、树木、石头上刻画记数。中国古代是用木、竹或骨头制成的小棍来记数，称为算筹。这些记数方法和记数符号慢慢转变成了最早的数字符号（数码）。如今，世界各国都使用阿拉伯数字为标准数字。

2. 有趣的数字现象

人类乐此不疲的研究着数字，从而发现了很多有趣的数字现象。

（1）卡普雷卡尔黑洞

任意选一个四位数（数字不能全相同），把所有数字从大到小排列，再把所有数字从小到大排列，用前者减去后者得到一个新的数。重复对新得到的数进行上述操作，7步以内必然会得到6174。

例1：四位数6767：$7766 - 6677 = 1089$，
$$9810 - 189 = 9621,$$
$$9621 - 1269 = 8352,$$
$$8532 - 2358 = 6174,$$
$$7641 - 1467 = 6174。$$

6174这个"黑洞"值便是一个卡普雷卡尔常数。对于三位数，也有一个数字黑洞——495，495 也是一个卡普雷卡尔常数。

例2：三位数351：$531-135=396$，

$$963-369=594,$$

$$954-459=495。$$

（2）西西弗斯串

西西弗斯串也叫123黑洞。设定一个任意数字串，数出这个数中的偶数个数，奇数个数，以及这个数中所包含的所有位数的总数。将答案按"偶—奇—总"的位序，排出得到新数。如此继续下去，最终会得到数123。

例：1234567890。

解：偶数个数：2、4、6、8、0，总共有5个。

奇数个数：1、3、5、7、9，总共有5个。

总个数：10个。

新数：5510。

将新数5510按以上算法重复运算，可得到新数：134。

将新数134按以上算法重复运算，可得到新数：123。

我们可以用计算机写出程序，测试出对任意一个数经有限次重复后都会是123。任何数的最终结果都无法逃出123黑洞。

（3）水仙花数黑洞

水仙花数黑洞也叫153黑洞。任意找一个3的倍数的数，先把这个数的每一个数位上的数字都立方，再相加，得到一个新数；然后把这个新数的每一个数位上的数字再立方、求和……重复运算下去，就能得到一个固定的数——153。

例1：用63验证水仙花数黑洞。

解：$6^3+3^3=216+27=243$，

$2^3+4^3+3^3=8+64+27=99$，

$9^3+9^3=729+729=1458$，

$1^3+4^3+5^3+8^3=1+64+125+512=702$，

$7^3+0^3+2^3=351$，

$3^3+5^3+1^3=153$。

例2：用27验证水仙花数黑洞。

解：$2^3+7^3=351$，

$3^3+5^3+1^3=153$。

除了0和1，自然数中各位数字的立方之和与其本身相等的只有153、370、371和407，这4个数称为"水仙花数"。除了水仙花数外，还有四位的"玫瑰花数"（1634、8208、9474）和五位的"五角星数"（54748、92727、93084）。

（4）$3x+1$问题

从任意一个正整数开始，重复对其进行下面的操作：如果这个数是偶数，把它除以2；如果这个数是奇数，把它扩大到原来的3倍后再加1。你会发现：序列最终总会变成4、2、1、4、2、1……的循环。

例：所选的数是67，根据上面的规则可以依次得到67、202、101、304、152、76、38、19、58、29、88、44、22、11、34、17、52、26、13、40、20、10、5、16、8、4、2、1、4、2、1、4、2、1……

数学家们试了很多数，没有一个能逃脱"421陷阱"。

（5）十位数字相同、个位数字相加为10的乘法速算

如果2个两位数的十位相同，个位数相加为10，那么可以立即说出这2个数的乘积。把这2个数分别写作$\overline{ab}$和$\overline{ac}$，那么它们乘积前2位就是a和（$a+1$）的乘积，后2位就是b和c的乘积。

例：47×43。

解：十位数字相同，个位数字之和为10，因而它们乘积的前两位就是$4 \times (4+1) = 20$，后两位就是$7 \times 3 = 21$。也就是说：$47 \times 43 = 2021$。

这个速算方法背后的原因是：

$$(10x+y)[10x+(10-y)]=100x(x+1)+y(10-y)$$

对任意x和y都成立。

（6）196的回文数

一个数正读反读都一样，我们就把它叫作"回文数"。随便选一个数，不断加上它的倒转数之后得到的数，反复下去，直到得出一个回文数为止。

例1：所选的数是67：$67+76=143$，

$143+341=484$。

两步就可以得到一个回文数484。

例2：所选的数是69：$69+96=165$，

$165+561=726$，

$726+627=1353$，

$1353+3531=4884$。

4884便是69的一个回文数。

89的"回文数"之路则特别长，要到第24步才会得到第一个回文数：8 813 200 023 188。大家或许会想，不断地"一正

一反相加"，最后总能得到一个回文数，这当然不足为奇了。事实情况也确实是这样——对于几乎所有的数，按照规则不断加下去，迟早会出现回文数。

不过，196 这个数却是一个例外。数学家们已经用计算机算到了 3 亿多位数，都没有产生过一次回文数。196 究竟能否加出回文数来？196 究竟特殊在哪儿？这至今仍是个谜。

（7）幻方中的幻"方"

一个"三阶幻方"是指把数字 1 到 9 填入 3×3 的方格，使得每一行、每一列和两条对角线上的三个数之和正好都相同。图 3-1 就是一个三阶幻方，每条直线上的三个数之和都等于 15。

8	1	6
3	5	7
4	9	2

图 3-1

任意一个三阶幻方都满足，各行所组成的三位数的平方和，等于各行逆序所组成的三位数的平方和。

如图 3-1 中的三阶幻方 $816^2+357^2+492^2=618^2+753^2+294^2$。

应用习题与解析

1. 基础练习题

（1）特殊两位数乘法运算（写出解题过程）：

① $62 \times 68 =$

② $37 \times 33 =$

③ $52 \times 58 =$

④ $76 \times 74 =$

⑤ $21 \times 29 =$

考点： $(10x+y)[10x+(10-y)]=100x(x+1)+y(10-y)$ 。

分析：如果两个两位数的十位数相同，个位数相加为10，那么这两个数分别写作AB和AC，那么它们的乘积的前两位就是A和A+1的乘积，后两位就是B和C的乘积。

需要注意的是第⑤题 21×29 ： $2 \times 3=6$ ， $1 \times 9=9$ ，得数都是一位数，如果机械地将两个结果组合在一起，得数为69，肯定是错误的。 $1 \times 9=9$ 是一位数，要在十位上写0，即 $1 \times 9=09$ 。所以 $21 \times 29=609$ 。

解：① $62 \times 68=4216$

$6 \times (6+1)=42$ ，

$2 \times 8=16$ ，

所以 $62 \times 68=4216$ 。

② $37 \times 33=1221$

$3 \times (3+1)=12$ ，

$7 \times 3=21$ ，

所以 $37 \times 33=1221$ 。

③ $52 \times 58=3016$

$5 \times (5+1)=30$ ，

$2 \times 8=16$ ，

所以 $52 \times 58=3016$ 。

④ $76 \times 74=5624$

$7 \times (7+1)=56$ ，

$6 \times 4=24$ ，

所以 $76 \times 74 = 5624$。

⑤ $21 \times 29 = 609$

$2 \times (2+1) = 6$，

$1 \times 9 = 9$，

所以 $21 \times 29 = 609$。

（2）求175的一个回文数。

考点：回文数。

分析：用175加上它的倒转数571等于746，再用746加上它的倒转数647，反复下去，直到得出一个回文数为止。

解：$175 + 571 = 746$，

$746 + 647 = 1393$，

$1393 + 3931 = 5324$，

$5324 + 4235 = 9559$。

答：175的一个回文数是9559。

（3）有一组数：1，2，5，10，17，26……请观察这组数的构成规律，用你发现的规律确定第8个数。

考点：数列问题。

分析：设 $a_1 = 1$，$a_2 = 2$，$a_3 = 5$，$a_4 = 10$，$a_5 = 17$，$a_6 = 26$。仔细观察这一数列中的各个数的构成特点，不难发现：

$a_1 = 1 = 1$，

$a_2 = 2 = 1 + 1 = 1 + 1^2$，

$a_3 = 5 = 1 + 4 = 1 + 2^2$，

$a_4 = 10 = 1 + 9 = 1 + 3^2$，

$a_5 = 17 = 1 + 16 = 1 + 4^2$，

$a_6 = 26 = 1 + 25 = 1 + 5^2$。

规律是 $a_n = 1 + (n-1)^2$。

解：设 $a_1 = 1$，$a_2 = 2$，$a_3 = 5$，$a_4 = 10$，$a_5 = 17$，$a_6 = 26$，易得

$$a_n = 1 + (n-1)^2。$$

所以 $a_8 = 1 + (8-1)^2 = 50$。

2. 巩固提高题

（1）观察下列各式：

$$15^2 = 1 \times (1+1) \times 100 + 5^2 = 225;$$

$$25^2 = 2 \times (2+1) \times 100 + 5^2 = 625;$$

$$35^2 = 3 \times (3+1) \times 100 + 5^2 = 1225。$$

......

依此规律，写出第 n 个等式（n 为正整数）。

考点：数列。

分析：找出式子中哪些量是固定不变的，哪些量是不断变化的，这对解题很关键。等式左边底数的特点是：个位数字都是 5，是个不变量，十位数字与对应序号一致，分别是 1、2、3、4……等式右边的特点是：第 1 个数与对应序号是一致的，括号里的数的特点是对应的序号与常数 1 的和；第 3 个数又是一个固定常数 100；第 4 个数是常数 5 的平方，也是固定不变的。

解：$15^2 = 1 \times (1+1) \times 100 + 5^2 = 225;$

$25^2 = 2 \times (2+1) \times 100 + 5^2 = 625;$

$35^2 = 3 \times (3+1) \times 100 + 5^2 = 1225。$

......

$(10n+5)^2 = n(n+1) \times 100 + 5^2。$

（2）先任意想一个自然数，把这个数减 1，将差乘 2，再

加上原来想好的数，将结果加2，再把和除以3，所得的商就是原来想好的那个数。请验证这句话。

考点：倍数问题。

分析：我们先来验证一下，例如这个数是15。$(15-1)\times 2+15=43$，$(43+2)\div 3=15$。

解：设这个自然数为n，则

$$(n-1)\times 2+n=3n-2,$$

$$(3n-2+2)\div 3=n。$$

奥数习题与解析

1. 基础训练题

（1）请用数291、4861验证卡普雷卡尔常数。

分析：将291所有数字从大到小排列，再把所有数字从小到大排列，用前者921减去后者129得到一个新的数。对新得到的数重复进行上述操作，7步以内必然会得到495。把4861进行同样的操作，会得到6174。

解：①291：$921-129=792$，

$972-279=693$，

$963-369=594$，

$954-459=495$。

②4861：$8641-1468=7173$，

$7731-1377=6354$，

$6543-3456=3087$，

$8730-378=8352$，

$$8532-2358=6174。$$

（2）请用数36验证$3x+1$问题。

分析：36是偶数，把它除以2等于18，$18 \div 2 = 9$；9是奇数，把它扩大到原来的3倍后再加1，等于28。按照这个规则继续计算下去，序列最终会变成4、2、1、4、2、1……的循环。

解：36、18、9、28、14、7、22、11、34、17、52、26、

13、40、20、10、5、16、8、4、2、1、4、2、1……

2. 拓展训练题

请用数1 879 741 385 629验证西西弗斯串。

分析：数出1 879 741 385 629中的偶数个数，奇数个数，以及这个数中所包含所有位数的总数。将答案按"偶—奇—总"的位序，排出得到新数。如此继续下去，最终会得到数123。

解：偶数个数：8、4、8、6、2，总共有5个。

奇数个数：1、7、9、7、1、3、5、9，总共有8个。

总个数：13个。

新数为：5813。

偶数个数：8，总共有1个。

奇数个数：5、1、3，总共有3个。

总个数：4个。

新数为：134。

偶数个数：4，总共有1个。

奇数个数：1、3，总共有2个。

总个数：3个。

新数为：123。

课外练习与答案

1. 基础练习题

（1）请用特殊两位数乘法运算方法计算下列各式（写出解题过程）：

① $13 \times 17 =$ ② $28 \times 22 =$ ③ $36 \times 34 =$

④ $42 \times 48 =$ ⑤ $59 \times 51 =$ ⑥ $65 \times 65 =$

⑦ $77 \times 73 =$ ⑧ $86 \times 84 =$ ⑨ $92 \times 98 =$

（2）数57的回文数是多少？

（3）数268的回文数是多少？

（4）数1463的回文数是多少？

2. 提高练习题

（1）8个数字"8"，如何使它们等于1000？

（2）$abc + cdc = abcd$，请问 a、b、c、d 分别是多少？

（3）用数字4、5和6共可写出6个三位数，如546是其中之一，请问这六个数的和是多少？

（4）有一个三位数，各数位上三个数字之和是12，十位上的数字和百位上的数字一样大，个位上的数字是十位上的数字的2倍，请问这个三位数是多少？

3. 经典练习题

（1）在一个两位数右边添上一个"0"，所得到的三位数和原数相加得297，求这个两位数。

（2）把数字8写在某数的右端，这个数就增加了224，这个数是多少？

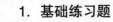

答 案

1. 基础练习题

（1）

① $13 \times 17 = 221$ $1 \times 2 = 2$，$3 \times 7 = 21$，$13 \times 17 = 221$。

② $28 \times 22 = 616$ $2 \times 3 = 6$，$8 \times 2 = 16$，$28 \times 22 = 616$。

③ $36 \times 34 = 1224$ $3 \times 4 = 12$，$6 \times 4 = 24$，$36 \times 34 = 1224$。

④ $42 \times 48 = 2016$ $4 \times 5 = 20$，$2 \times 8 = 16$，$42 \times 48 = 2016$。

⑤ $59 \times 51 = 3009$ $5 \times 6 = 30$，$9 \times 1 = 9$，$59 \times 51 = 3009$。

⑥ $65 \times 65 = 4225$ $6 \times 7 = 42$，$5 \times 5 = 25$，$65 \times 65 = 4225$。

⑦ $77 \times 73 = 5621$ $7 \times 8 = 56$，$7 \times 3 = 21$，$77 \times 73 = 5621$。

⑧ $86 \times 84 = 7224$ $8 \times 9 = 72$，$6 \times 4 = 24$，$86 \times 84 = 7224$。

⑨ $92 \times 98 = 9016$ $9 \times 10 = 90$，$2 \times 8 = 16$，$92 \times 98 = 9016$。

（2）数57的回文数是363。

（3）数268的回文数是1441。

（4）数1463的回文数是9119。

2. 提高练习题

（1）$8 + 8 + 8 + 88 + 888 = 1000$。

（2）$a = 1$，$b = 0$，$c = 9$，$d = 8$，$109 + 989 = 1098$。

（3）这六个数的和是3330。

（4）这个三位数是336。

3. 经典练习题

（1）这个两位数是27。

（2）这个数是24。

◆ 数学的巧算与速算

多年前，我从一部叫《镜花缘》的旧小说上，看到一个数学题的算法，觉得很巧妙，至今仍然记得。

那是一个关于鸡兔同笼的问题，但是，题目中的确切数现在已经记不清了。假如笼子里一共有12个头，30只脚，要求出笼子里究竟有几只鸡、几只兔。

那部书上的算法很简便，先将脚的数量30折半，得15，用15减去头的总数12，得3，就是笼子里面兔子的数量；再用头的总数减去兔子的数量，得9，就是鸡的数量。真是一点儿不差，3只兔和9只鸡，一共恰好是12个头，30只脚。

仔细想一想，这个算法不但简便，还很有趣。把30折半，无异于将每只兔和每只鸡都顺着它们的脊背分成两半，而每只只留一半在笼里。这么一来，笼里每半只兔都只有两只脚，而每半只鸡都只有一只脚了。

至于头，鸡已被砍去一半，但是既是头，不妨就算它是一个。那么现在的情形是：每半只鸡有一个头、一只脚，每半只兔有一个头、两只脚，因此脚的总数还是比头的多。

之所以多的原因，显而易见，全是从兔的身上多出来的，鸡一点儿功劳没有。所以从15减去12剩的3，就是每半只兔留下一只脚，还多出来的脚的数量。

然而，每半只兔只能多出一只脚来，多了三只脚就证明笼里面有三个半只兔。原来，就应当有三只兔。12只减去3只，还剩9只，这当然是鸡了。

这类题目是很常见的，无论哪一本数学教科书，只要一讲到四则运算问题就离不了它。但是数学教科书上的算法，比起小说上的算法来，实在笨得多（人教版教科书"阅读资料"中的算法与小说上的算法类似）。为了方便，这里也写了出来。

按照数学书上的算法，应这么计算：用2乘头数12，得24，再用30减去它，得6。因为兔有4只脚，鸡有2只脚，所以每只兔比每只鸡多出来2只脚。用2去除上面所得的6，恰好得3，这就是兔子的数量。有了兔的数量，要求鸡的数量，那就和小说上的方法没有两样了。

这方法真有点儿呆板！我记得在小学学数学的时候，为了要用二去除六，明明是脚除脚，忽然就变成头，想了三天三夜都不明白！现在，多吃了一二十年的饭，这个题目的算法，总算懂得了。

脚除脚，不过是纸上谈兵而已，并不是真的将一只脚去除另一只，所以变成头，变化成整个兔或鸡都没关系。正如上面所说，将每只兔或鸡分成两半，并非真用刀去砍，不过作比而已！

我一直都觉得，这样的题目总是小说上来得有趣，来得方便。近来因为一些机缘，再将它俩比较一看，结果却有些不同了。不但不同，简直是全然相反了。我从中还得到一个教训，那就是贪便宜，最终得不到便宜。

所谓便宜，按照经济的说法，就是劳力小而成功大，所以一本万利，即如两元钱买张彩票中了一等奖，很轻易地就拿到很多钱，这是人人都喜欢的。说得冠冕堂皇一些，那就是科学上的所谓法则。

向着这条路走下去，越是可以应用得广泛的法则，越受人们崇拜。爱因斯坦的相对论，非欧几何，也都是为了让它们能够统领更大的范围，所以价值更高。

实际上，人们无论看见什么，都想知道它，都想用一种什么方法对付它，然而多用力气，却又不太愿意。于是，便整天想要找出一些推之四海而皆准的法则，总想有一天真能达到"纳须弥于芥子"的境界。这就是人类对于一切事物都希望从根源上寻找出一个基本的、普遍的法则来的理由。

因此学术一天一天地向前发展，人类所能了解的东西也就一天多似一天，但是这是从外形上讲。如果就内在说，那支配这些繁复事项的法则为人类所了解的，却一天一天地简单，换言之，就是日见其抽象。

回到前面所举的数学题目上去，我们可以看出那两个法则的不同，随着就可以判别它们的价值，究竟孰高孰低。

我们先将题目分析一下，它总共含四个条件：（1）兔有4只脚；（2）鸡有2只脚；（3）总共12个头；（4）总共30只脚。这四个条件，无论其中有一个或几个变化，所求得的数就不相同，尽管题目的外形全部不变。

再进一步，我们还可以将题目的外形也变更，但是实质一样。举个例子说："一百馒头，一百僧，大僧一人吃三个，小僧一个馒头三人分。问你大僧、小僧各几人？"

这样的题目，一眼看去，大僧、小僧和兔子、鸡毫不相干，但是如果追寻它们计算的基本原理，却毫无二致。

为了一劳永逸，我们需要一个在任何时候都可以运用的方法，无论题目的外形怎样变化。那么，我们现在就要问了，前面的两种方法，一个小说上的，巧妙的，一个教科书上的，呆笨的，是不是都有这样的力量呢？所得的回答，却只有否定了。

用小说上的方法，此路不通，就得碰壁。至于用教科书上的方法，却还可以迎刃而解，虽然笨拙一些。

假定一百个人都是大僧，每人吃三个馒头，那就要三百个馒头，不是明明差了两百个吗？这可如何是好呢？只能在小僧的头上去揩油了。

一个大僧调换成一个小僧，有多少油可揩呢？不多不少，恰好 $\frac{8}{3}$ 个（大僧每人吃3个，小僧每人吃 $\frac{1}{3}$，3减 $\frac{1}{3}$ 得 $\frac{8}{3}$）。

如果要问，需要揩上多少小僧的油，其余的大僧才可以每人吃到三个馒头呢？那么用 $\frac{8}{3}$ 去除200，得75，这就是小僧的数目。再用100减75得25，就是大僧的数目了。

将前面题目的计算顺序，和这里的比较，即可看出一点差别都没有，除了数量不相同。由此可知，数学教科书上的法则，含有一般性，可以应用得更广泛一些。

小说上的法则，既然那么巧妙，为什么不能用到这个外形不同的题目上呢？因为它缺乏一般性，我们试着来对它进行一番检查。

这个法则的成立，需要有三个基本条件：第一，总共的脚

数和两种的脚数，都是可以折半的；第二，两种有脚的数目恰好差两只，或者说，折半以后差一只；第三，折半以后，有一种每个只有一只脚了。

这三个条件，第一个是随着第二、第三个就可以成立的。至于第二、第三个条件并在一起，无疑是说，必须一种是两只脚，一种是四只脚。这就判定了这个方法，永远只适合兔子和鸡这类题目的解答。

我们另外举一个条件稍微改变一点儿的例子，仿照这个方法计算，更可以看出它不方便的地方。由此也就可以知道，这方法虽然在特殊情形当中，有着意外的便宜，但是它非常硬性，推到一般的情形上去，反倒觉得笨重。

八方桌和六方桌，总共八张，总共有五十二个角，试问每种方桌各有几张？这个题目具备了前面所举的三个条件中的第一个和第二个，只缺第三个，所以不能用完全相同的方法计算。

先将五十二折半得二十六，八方和六方折半以后，它们的角的数目相差虽然只有一，但是六方的折半还有三个角，八方的折半还有四个角。

所以，在二十六个角里面，必须将每张桌折半以后的角数三只三只地都减去。总共减去三乘八得出来的二十四个角，所剩的才是每张八方桌比每张六方桌所多出的角数的一半。所以二十六减去二十四剩二，这便是八方桌有两张，八张减去二张剩六张，这就是六方桌的数目。

将原来的方法用到这道题目上，步骤就复杂了，但是教科书上所说的方法，用到那些形式相差很远的例子上并不繁重，这就可以证明两种方法使用范围的广狭了。

越是普遍的法则用来解释特殊的事例，往往容易显得不灵巧，但是它的效用并不在使人得到小花招，而是要给大家一种可靠的、能够一以当百的方法。

这种方法的发展性比较大，它是建立在一类事物所共有的原理基础上的。像小说上的方法，它的成立所需的条件比较多，因此它可运用的范围就小了。

暂且丢开这些，另举一个例子来看。如《周髀算经》中，就记载着一个关于直角三角形的定理，所谓"勾三股四弦五"。这正和古希腊数学家毕达哥拉斯的定理："直角三角形的斜边的平方等于另两边的平方的和。"本质上没有区别。

但是由于二者表达的方法不同，它们的进展就大相径庭。从时间上看，毕达哥拉斯是公元前6世纪的人，《周髀算经》出世的时代虽然已不能确定，但是总不止二千六百年。然而，为什么毕达哥拉斯的定理在数学史上有着很大的发展，而"勾三股四弦五"的说法，却没有新的突破呢？坦白地讲，这是因为它们所含的一般性已不相等了。

所谓"勾三股四弦五"究竟所表示的意义是什么？还是说三边有这样的差或比呢？固然我们已经学了这个定理，知道它真实的意义。但是这个意义没有本质地存在于我们的脑海，却被几个特殊的数硬化了，这算是思想发展的一个大障碍。

在思想上，尽管一大堆特殊的认识不相关联地存在，那么，普遍的法则是无从下手去追寻的。不能掌握一些事物的法则，就不能将事物整理得秩然有序，因而要想对于它们有更丰富、更广阔、更深邃的认识，也就成为不可能了。

我们从"勾三股四弦五"这种形式的定理，要去研究出钝角三角形或锐角三角形的三边关系，那就非常困难。所以现在我们还不知道，钝角三角形或锐角三角形的三边究竟有怎样的三个简单的数的关系存在，也许压根就没有这回事儿吧！

至于毕达哥拉斯的定理，在几何上、在数论上都有不少的发展。现在只大略叙述一点。

在几何上，有三个定理平列着：

（一）直角三角形，斜边的平方等于另两边的平方的和。

（二）钝角三角形，对钝角的一边的平方等于另两边的平方的和，加上这两边中的一边和另一边在它的上面的射影的乘积的2倍。

（三）锐角三角形，对锐角的一边的平方等于它两边的平方的和，减去这两边中的一边和另一边在它的上面的射影的乘积的2倍。

只是这样说，也许不清楚，我们再用图和算式来说明它们。

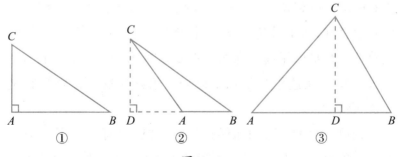

图 4-1

图 4-1①是直角三角形，$\angle A$ 是直角，BC 是斜边，上面的定理用式子来表示是 $BC^2 = AB^2 + AC^2$。

图4-1②是钝角三角形，∠A是钝角，上面的定理用式子表示是$BC^2 = AB^2 + AC^2 + 2AB \times DA$。

图4-1③是锐角三角形，∠A是锐角，上面的定理可以用式子表示是$BC^2 = AB^2 + AC^2 - 2AB \times DA$。

三条直线围成一个三角形，从角的形式上说，只有直角、钝角和锐角三种，所以既然有了这三个定理，三角形三边长度的关系，已经全然明白了。

但是分成三个定理，记起来未免麻烦，还是有些不适于我们的懒脾气。能够想一种方法，将这三个定理合并成一个，岂不是奇妙无比吗？

人，一方面固然懒，然而之所以容许懒，是因为有些人高兴而且能够替懒人想方法的缘故。我们想把这三个定理合并成一个，结果真有人替我们想出方法来了，他对我们这样说：

"你记好两件事：第一件，在图4-1上，从点C画垂线段到AB，如果这条垂线段正好和CA重在一起，那么点D和A也就分不开，两点并成了一点，DA的长是零。第二件，如果从点C画垂线段到AB，这条垂线段落在三角形的外面，那么，点C也就在AB的外边，DA的长算是'正'的；如果垂线段是落在三角形的里面，那么，点D就在AB上，DA在上面是从外向里，在这里却是从里向外，恰好相反，这就算它是'负'的。"

记好这两件事，上面的三个定理就只有一个了，那便是：三角形一边的平方等于它两边的平方的和，加上这两边中的一边和另一边在它上面的射影的乘积的2倍。

如果用式子表示，那就是前面的第二个：

$$BC^2 = AB^2 + CA^2 + 2AB \times DA。$$

综上所述，如果∠A是直角，DA等于零，所以式子右边的第三项没有了；如果∠A是钝角，DA是正的，第三项也是正的，便要加上；如果∠A是锐角，DA是负的，第三项也是负的，便只好减去。

到了这一步，毕达哥拉斯的定理算是很普遍、很单纯了。记起来方便，用起来简单，依据它要往前进展，自然容易得多。

上面只是讲到几何方面的进展问题，以下再来讲数论方面的问题，这和图没有关系，所以我们先将它用简单的式子写出来，就是：

$$x^2 + y^2 = z^2。$$

从这个式子中可以发现许多有趣味的问题，比如 x、y、z 如果是相连的正整数，能够合于这个式子的条件的，究竟有多少呢？

所谓相连的整数，就是后一个比前一个大1，假如我们设 y 的数值是 n，x 比它小1，就应当是 $n-1$，z 比它大1，就应当是 $n+1$，因为它们合于这个式子的条件，所以

$$(n-1)^2 + n^2 = (n+1)^2。$$

将这个方程解出来，我们知道 n 只能等于0或4，而 y 等于0，x 是负1，z 是正1，这不是三个连续正整数。所以 y 只能等于4，x 只能等于3，z 只能等于5。真巧极了，这便是中国以前的数学书上"勾三股四弦五"的说法！我们的老祖宗真是比我们聪明得多！

在别的方面，如果 x、y、z 都是整数，也还有许多性质可

以研究，而且都是很有趣的，这里先暂且不谈。

换个方向，不管 x、y、z，来看它们的指数，如果指数不是 2 而是 n，那式子就是

$$x^n + y^n = z^n 。$$

n 如果是比 2 大的整数，x、y、z 就不能全都是整数而且还没有一个等于零。

这是数学上很有名的费马最后的定理。这个定理是在 17 世纪提出来的，可惜他自己没有将它证明。一直到了现在，研究数学的人，既举不出反例来将它推翻，也找不出一般的证明方法。现在只做到了这一步：n 在一百以内，有了一些特殊的证法。

关于数学的话题，说起来总是使看的人非常头痛，我不知不觉就写了这一大段，实在很抱歉，就此不再说它，言归正传吧！

我的本意只想找点儿例子来说明，我们的思想如果只向着特殊的范围去寻找精明、巧妙的法则，不向普遍的、开阔的方面发展，结果就不会有好的、多的收获。

前面所举的例子，是将我们自己去和别人进行比较，这就可以看出来，由于思想前进的方向不同，我们实在吃亏不小。所以我们要提倡真正的科学，不仅是别人现在已经知道的，我们都应该知道，而且还要能够和别人排着队向前走，不断地赶超别人。

所谓提倡科学，第一要紧的，是要培养科学的头脑。什么是科学的头脑？第一步就是思想进展的抽象能力。有了这种能力，在千万纷纭繁杂的事物中，自然可以找出它们的普遍法则

来支配它们，叫它们难以逃跑。

我这里所说的抽象，是依据了许多特殊的事例去发现它们的共同点。比如说，先有了一个鸡兔同笼那样的题目，我们居然找出了一个法则来计算它。然而我们却不可到此止步，我们应当找一些和它相类似的题目，来把我们所找出的法则推究一番。

我们用了八方桌和六方桌的例子检查出我们从小说上得来的方法，需要加些条件进去，才能解决我们的新问题。最初先折半，然后再减就可得到答数，后来，却没有这么简单。这是为什么呢？

那就是因为最初碰到的一个例子，具有一个特殊的条件，即使我们将计算的步骤忽略了一段，也没有什么关系，所以原来的可以简单。

对于一般的例子来说，只能算是偶然。偶然的机会，在特殊的事物中，都包含在内，所以要除掉它，只有多收集一些特殊的事实来比较。

有一个鸡兔同笼的题目，有一个八方桌和六方桌的题目，又有一个一百和尚吃馒头的题目，如果再去寻，比如还有一个题目是：十元钞票和五元钞票混在一只口袋里，总共是十张，共八十块钱，求每种有几张。

将这四个题目并在一起，我们再去研究所要求的方法，一定可以得出一个较普遍的法则来。这不过是用来做示例，我们所要求的方法，并不是只要能对付一类的题目就可以满足的。有了这种方法后，我们还得将题目改变一下，使它更复杂些，进一步再求出更普遍的法则。

　　说到这里，关于鸡兔同笼这一类的题目，数学教科书上所给我们的，也就不是真正的普遍问题了。假如在笼子里的不只是兔子和鸡，还有别的三只脚、五只脚的什么东西，那么它就一样不够用了，于是我们又有了混合比例的法则。归根结底，这一类的题目，混合比例的说明才是普遍的、根本的。

　　平常我们很喜欢想大题目，同时又不愿注意到一个一个的特殊事实，其结果只是让我们闭着眼睛去摸索。大家既丢弃了事实不提，又可以说出一些无法对证的道理来。然而，真是无法对证吗？绝对不是。

　　倘使我们整天只关在屋子里，那么你说地球是方的也好，你说它是圆的也好，就算你说它是三角的、五角的，也没有什么不好。

　　但是如果有一天你走出了大门，而且走得很远，竟走到了前面就是汪洋大海的地方，你又看到有些船开到远处去，有些船从远处开来，你就会觉得说地球是三角的、五角的、方的都不对，你不得不承认它是圆的。这，就和真相接近了。

　　走出大门和关在屋子里有着极大的不同，那就是接触的事物，一个很复杂，一个却很简单。

　　真正的抽象是要根据事实的，根据的事实越多，所去掉的特殊性也就越多，那么留存下来的共通性自然就越普遍了。所谓科学精神，就是耐心去搜寻材料，静下心来去发现它们的普遍法则。所谓科学的头脑，就是充满精神的头脑！

　　指南针，我们很早就知道了它的用处！但是如果要问：它为什么老是指着南方呢？我们有什么理由可以相信它，决不会和我们开玩笑，来骗我们一两回呢？

瓷器，我们看得出它的质地优良，造型优美，但是如果要问：瓷器的釉是哪几种"原素"？"原素"这个名字，已够新鲜了，还要说有多少种？

这些都是知其然而不知其所以然，大概批评得很对。凡事都只知其然，而不知其所以然，那所知的也就很不可靠！要想使它进步、发展，都不是靠知其然就能行的。

假如我们没有充分的抽象力量，就只能将一些事实聚在一起，却不能发现它们真正的因果关系，因而我们也找不出一条真正趋吉避凶的路，于是我们只好跟跟跄跄地彷徨！所以我们要找出它们真实的、根本的原因，那就要依赖我们的思想当中的抽象力！

基本概念与例解

1. 基本概念与例解

在我们不断学习的过程中，接触到了很多定理、公式和运算技巧，来帮助我们进行高效的学习。尤其在做计算题的时候，如果我们能掌握好一些速算技巧，并灵活运用，那么计算起来将会事半功倍！

现在介绍一下关于巧算和速算的小方法，希望可以帮助大家攻克计算难题。

（1）加减巧算

①结合律。

当一道计算题在同一级加减运算，没有括号限制时，我们可以使用结合律，也叫"凑整法"。

加法运算中要做到凑10（两个个位数相加为10），减法中要找同尾数相减。

例1：计算：$36+59+64$。

解：$36+59+64$

$=36+64+59$

$=100+59$

$=159$。

例2：计算：$92-35-22$。

解：$92-35-22$

$=92-22-35$

$=70-35$

=35。

②增添括号凑整法。

一个数连续减去几个数，相当于减去它们的和。

例3：计算：230-36-64。

解：230-36-64

　　=230-（36+64）

　　=230-100

　　=130。

③去掉括号凑整法。

一个数减去几个数的和，相当于连续减去这几个数。

例4：计算：24-（14+5）。

解：24-（14+5）

　　=24-14-5

　　=10-5

　　=5。

④分组法。

当一个算式中，数和符号都很有规律，分组计算就更简单了。

例5：计算：17-15+13-11+9-7+5-3。

解：（17-15）+（13-11）+（9-7）+（5-3）

　　=2+2+2+2

　　=8。

（2）乘除巧算

①增添括号法。

在多项乘除计算中，增添括号时一定要注意符号的变换问题。一个数连续除以几个数，相当于除以它们的乘积。

例1：计算：$800 \div 25 \div 4$。

解：$800 \div 25 \div 4$

$= 800 \div (25 \times 4)$

$= 800 \div 100$

$= 8$。

②去括号法。

一个数除以几个数的乘积，相当于连续除以这几个数。

例2：计算：$525 \div (5 \times 21)$。

解：$525 \div (5 \times 21)$

$= 525 \div 5 \div 21$

$= 105 \div 21$

$= 5$。

（3）乘法分配律

①分配法。

括号里是加或减运算，与另一个数相乘，注意分配。

例1：计算：$8 \times (5 + 11)$。

解：$8 \times (5 + 11)$

$= 8 \times 5 + 8 \times 11$

$= 40 + 88$

$= 128$。

②提取公因数法。

注意找出算式中的相同因数，然后逆用乘法分配律。

例2：计算：$9 \times 8 + 9 \times 2$。

解：$9 \times 8 + 9 \times 2$

$$=9 \times (8+2)$$

$$=9 \times 10$$

$$=90。$$

例3：计算：$24 \times 124 - 24 \times 24$。

解：$24 \times 124 - 24 \times 24$

$$=24 \times (124 - 24)$$

$$=24 \times 100$$

$$=2400。$$

（4）金字塔数列

当遇到"从数1开始加，连续加到某个数后又加回到数1"的算式时，我们就需要找到其中最大的数，也就是我们常说的"塔尖"，直接算出该数的平方即可。

例：计算：$1+2+3+4+5+6+7+6+5+4+3+2+1$。

解：$1+2+3+4+5+6+7+6+5+4+3+2+1$

$$=7 \times 7$$

$$=49。$$

（5）拆分法

拆分法就是为了方便计算，把一个数拆成几个数的过程，这需要我们掌握一些"好朋友"组合，如：2和5，4和5，4和25，8和125等。

在计算的时候，要时刻想着把其中的乘数拆分成上面容易计算的数。如：偶数×5的时候，要做到"遇5拆2"。

例：计算：24×15。

解：24×15（将24拆分成2×12）

$$=12 \times 2 \times 15$$

$$= 12 \times (2 \times 15)$$
$$= 12 \times 30$$
$$= 360。$$

（6）多位数 × 11 的算式

当遇到多位数乘数 11 的时候，我们就需要谨记："两边拉、中间相加"的计算技巧。

例：计算：123×11。

解：

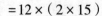

最终得数为 1353。

（123 的数字 1 和 3 直接落两旁，中间有空隙就要相加落下，如得数超过 10 就要向前进 1 位）

2. 思维拓展

一些定理针对的是"特殊情况"，用来应对特殊问题，或者为一些更为简便的计算方法，在《图解算学》中有较多的速算方法，这里再简单介绍几种。

（1）20 以内的两位数乘法

十几乘十几时，有一个巧算口诀：头乘头，尾加尾，尾乘尾。

例1：计算：12×13。

解：$1 \times 1 = 1$（百位），

$2 + 3 = 5$（十位），

$2 \times 3 = 6$（个位），

即 $12 \times 13 = 156$。

例2：计算：15×17。

解：$1 \times 1 = 1$，

$5 + 7 = 12$（1进位到百位），

$5 \times 7 = 35$（3进位到十位），

即 $15 \times 17 = 255$。

（2）十位数互补，个位数相同的两位数乘法

计算诀窍：十位数字相乘后，加上个位数字，所得结果写在千位和百位。个位相乘的结果写在十位和个位（未满10补零）。

例1：计算：76×36。

解：$7 \times 3 + 6 = 27$（写在千位和百位），

$6 \times 6 = 36$（写在十位和个位），

即 $76 \times 36 = 2736$。

例2：计算：82×22。

解：$8 \times 2 + 2 = 18$，$2 \times 2 = 4$（未满10补0），

即 $82 \times 22 = 1804$。

（3）个位数都是1的两位数乘法运算

计算诀窍：末位皆1者，头乘头，头加头，尾乘尾。

例1：计算：31×21。

解：$3 \times 2 = 6$（百位），

$2 + 3 = 5$（十位），

$1 \times 1 = 1$（个位），

即 $31 \times 21 = 651$。

例2：计算：51×71。

解：$5 \times 7 = 35$（3进到千位），

$5 + 7 = 12$（1进位到百位），

$1 \times 1 = 1$（个位），

即 $51 \times 71 = 3621$。

（4）十位相同，个位数相加为10的运算

计算诀窍：头乘（头+1），尾乘尾，顺序抄下来。

例：计算：42×48。

解：$4 \times (4+1) = 20$，$2 \times 8 = 16$，

即 $42 \times 48 = 2016$。

看起来这些规律很好用，但是这个规律只适用于规定的情况，如果条件不符合就不能运用。

相比之下，虽然列竖式好像比较麻烦，但确实更通用，所以更值得推广。而上面那些特殊的方法只能作为一种"思维拓展"的小游戏。

（5）中国剩余定理

"中国剩余定理"的解法也自成一套理论。但是，它也和上面的运算技巧一样，有着太大的局限性。

例：有一个数，除以3余2；除以5余2；除以7余3。请问这个数最小是多少？

解：$(2 \times 70 + 2 \times 21 + 3 \times 15) \div 105 = 2 \cdots\cdots 17$。

一个口诀解决了这个问题的计算方法，但是如果除数不是3、5、7呢？如果除数不是三个呢？这个问题如何解决？似乎就没有办法。但是，用寻找最小公倍数的做法，就可以解决这个问题。

上面的例题也可用下面的方法求解。

解：$[3，5]=15$，除以7余3，则 $15×3=45$；

　　　$[5，7]=35$，除以3余2，则 $35×1=35$；

　　　$[3，7]=21$，除以5余2，则 $21×2=42$。

　　　$[3，5，7]=105$，

　　　$（45+35+42）÷105=1……17$。

虽然寻找最小公倍数的方法看起来有些笨，但是可以有效解决这类问题，不会再受到被除数大小和个数的制约。

3. 强化训练

从上面的例子来看，特殊的定理一般局限性越大，但是真的用处就越小吗？显然，这要依据具体情况来判断。比如"勾股定理"就是一个反例。

勾股定理：在任何一个直角三角形中，两直角边的平方之和一定等于斜边的平方。即：在 $\triangle ABC$ 中，$\angle C=90°$，则 $a^2+b^2=c^2$。

例1：一个直角三角形中，两条直角边的长分别是12厘米和5厘米，请问斜边长是多少？

解：$a^2+b^2=c^2$，$12^2+5^2=c^2$，$c=13$（厘米）。

答：斜边长是13厘米。

那么，如果是一个普通三角形，并没有直角边，我们应该如何求它的第三边的长度呢？如果没有勾股定理，恐怕我们需要亲自动手测量了，不仅麻烦而且肯定有很大误差。在这种情况下，勾股定理的运用就十分的重要，创造条件也要让它出现。

例2：在 $\triangle ABC$ 中，若 $\angle A=75°$，$\angle C=45°$，$AB=2$，请问 AC 的长等于多少？

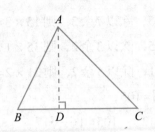

图 4.1-1

分析：$\angle A = 75°$，$\angle C = 45°$，则 $\angle B = 60°$，这是一个锐角三角形。我们如何求 AC 的长度呢？只要通过作辅助线的方法，将这个锐角三角形转化成直角三角形就可以了。

解：如图 4.1-1，过点 A 作 $AD \perp BC$ 于点 D，则

$\angle ADC = \angle ADB = 90°$。

$\because \angle C = 45°$，

$\therefore AD = DC$。

$\because \angle BAC = 75°$，

$\therefore \angle BAD = 75° - 45° = 30°$。

$\because$ 在 $Rt\triangle ADB$ 中，$AB = 2$，

$\therefore BD = 1$。

$\because AB^2 = AD^2 + BD^2$，即 $2^2 = AD^2 + 1^2$，

$\therefore AD = \sqrt{3}$。

$\therefore CD = AD = \sqrt{3}$。

$\because$ 在 $Rt\triangle ADC$ 中，$\angle ADC = 90°$，$AC^2 = AD^2 + DC^2$，

$\therefore AC = \sqrt{6}$。

例3：在 $\triangle ABC$ 中，$\angle B = 30°$，$\angle C = 45°$，$AB - AC = 2 - \sqrt{2}$，请问 BC 的长等于多少？

分析：这是一个钝角三角形。同样地通过作辅助线的方

法，将这个钝角三角形转化成直角三角形就可以求出第三边的长了。

解：如图4.1-2，过点A作$AD\perp BC$于点D，则

$\angle ADC=\angle ADB=90°$。设$AD=x$。

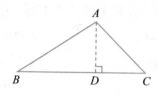

图 4.1-2

∵ 在Rt△ADB中，$\angle B=30°$，

∴$AB=2x$。

∵ 在Rt△ADC中，$\angle C=45°$，

∴$CD=AD=x$，$AC^2=AD^2+DC^2$，$AC=\sqrt{2}x$。

∵$AB-AC=2-\sqrt{2}$，

∴$2x-\sqrt{2}x=2-\sqrt{2}$。

∴$x=1$。

在Rt△ADB中，$BD^2=AB^2-AD^2$，

∴$BD=\sqrt{3}$，

$BC=BD+CD=\sqrt{3}+1$。

从特殊到一般，在数学中看到了我们思维的漏洞：往往我们喜欢追求独特，总是着眼小处，却忘记了"大道至简"，最一般中蕴含着更大的力量。

应用习题与解析

1. 基础练习题

（1）利用结合律计算下列各式（写出过程）：

① $288+357+143$；

② $158+395+105$；

③ $2.95+3.84+6.16$；

④ $2.5+3.25+0.75$；

⑤ $200-55-45$；

⑥ $240-84-16$；

⑦ $15.69-4.88-5.12$；

⑧ $23.7-1.6-8.4$。

考点：结合律。

分析：加法运算中要做到凑 10（两个个位数相加为 10）；减法中要找同尾数相减。

解：① $288+357+143=288+（357+143）=788$；

② $158+395+105=158+（395+105）=658$；

③ $2.95+3.84+6.16=2.95+（3.84+6.16）=12.95$；

④ $2.5+3.25+0.75=2.5+（3.25+0.75）=6.5$；

⑤ $200-55-45=200-（55+45）=100$；

⑥ $240-84-16=240-（84+16）=140$；

⑦ $15.69-4.88-5.12=15.69-（4.88+5.12）=5.69$；

⑧ $23.7-1.6-8.4=23.7-（1.6+8.4）=13.7$。

（2）如图 4.2-1，是小明设计利用光线来测量某古城墙 CD 处高度的示意图。如果镜子 P 与古城墙的距离 $PD=12$ 米，镜子 P 与小明的距离 $BP=1.5$ 米，小明刚好从镜子中看到古城墙顶点 C，小明的眼睛距地面的高度 $AB=1.2$ 米，那么该古城墙 CD 处的高度是多少米？

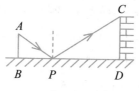

图 4.2-1

考点：相似三角形。

分析：由光学知识反射角等于入射角，不难分析得出 $\angle APB = \angle CPD$，再由 $\angle ABP = \angle CDP = 90°$，得到 $\triangle ABP \backsim \triangle CDP$，得到 $\dfrac{AB}{CD} = \dfrac{BP}{PD}$，代入数值求得 CD 的值即可。

解：$\because \angle APB = \angle CPD$，$\angle ABP = \angle CDP$，

$\therefore \triangle ABP \backsim \triangle CDP$。

$\therefore \dfrac{AB}{CD} = \dfrac{BP}{PD}$，

即 $\dfrac{1.2}{CD} = \dfrac{1.5}{12}$。

$\therefore CD = 9.6$（米）。

答：该古城墙 CD 处的高度是 9.6 米。

2. 巩固提高题

（1）计算下列各式（写出过程）：

①$233 - 54 + 33$；　②$264 - 78 + 36$；

③$365 - 94 + 35$；　④$4.5 + 5.5 - 4.5 + 5.5$；

⑤$17.28 - 3.86 - 6.14 + 2.72$；　⑥$5.25 + 3.76 - 2.76 + 4.75$。

考点：交换律、结合律。

分析：加法运算中要做到凑 10（两个个位数相加为 10），减法中要找同尾数相减。

解：①$233 + 54 - 33 = (233 - 33) + 54 = 200 + 54 = 254$；

②$264-78+36=(264+36)-78=300-78=222$；

③$365-94+35=(365+35)-94=400-94=306$；

④$4.5+5.5-4.5+5.5$

$=(4.5-4.5)+(5.5+5.5)$

$=0+11=11$；

⑤$17.28-3.86-6.14+2.72$

$=(17.28+2.72)-(3.86+6.14)$

$=20-10=10$；

⑥$5.25+3.76-2.76+4.75$

$=(5.25+4.75)+(3.76-2.76)$

$=10+1=11$。

（2）已知$\triangle ABC$中，$\angle B=60°$，$AB=6$，$BC=8$，求$\triangle ABC$的面积。

考点：勾股定理的运用。

分析：$\triangle ABC$是锐角三角形，要想求出面积，必须要知道底边BC的长和对应的高是多少。过点A作$AD\perp BC$于点D，AD就是它的高。根据勾股定理可以求出AD的长，从而求出$\triangle ABC$的面积。

解：如图4.2-2，过点A作$AD\perp BC$于点D。

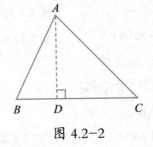

图4.2-2

∵在 Rt△ABD 中，∠B=60°，AB=6，

∴BD：AD：AB=1：$\sqrt{3}$：2。

∴BD=3，AD=$3\sqrt{3}$。

∴$S_{\triangle ABC}=\dfrac{1}{2}BC \cdot AD$

$\qquad =\dfrac{1}{2}\times 8\times 3\sqrt{3}$

$\qquad =12\sqrt{3}$。

答：△ABC 的面积是 $12\sqrt{3}$。

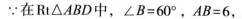

奥数习题与解析

1. 基础训练题

如图 4.3-1，在长方形 ABCD 中，AB=5，BC=4，以 CD 为直径作⊙O，将长方形 ABCD 绕点 C 旋转，所得长方形 A'B'CD' 的边 A'B' 与⊙O 相切，切点为 E，边 CB' 与⊙O 相交于点 H，边 CD' 与⊙O 相交于点 F。CF 的长是多少？

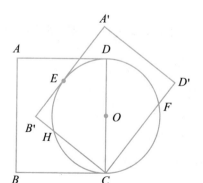

图 4.3-1

分析：与圆有关的辅助线，遇到切点连接半径，直径对 90° 的圆周角，有半径想垂径定理构图，综合上面的想法，画出辅助线，如图 4.3-2。

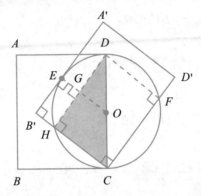

图 4.3-2

解：如图 4.3-2，连接 DF、DH、OE，DH 和 OE 交于点 G，得长方形 $GHB'E$、长方形 $DHCF$。

设 $EG=B'H=x$。

由垂径定理知 $DG=HG$，而 $DO=CO$，则 OG 为 $\triangle DCH$ 的中位线。

在 $\triangle DHC$ 中，$OG=\dfrac{1}{2}HC$，则 $2.5-x=\dfrac{1}{2}$（$4-x$），解得

$x=1$。

$\therefore HC=4-x=3$。

$\therefore DF=HC=3$。

在 Rt$\triangle DFC$ 中，

$\because CD=AB=5$，$DF=3$，

$\therefore CF=\sqrt{5^2-3^2}=4$。

2. 拓展训练题

如图 4.3-3，在 $\triangle ABC$ 中，$AB = BC$，$AD \perp BC$，垂足为 D，E 在 CD 上，且 $\angle BAD = 2\angle DAE$。若 $DE = 4$，$CE = 2$，求 BD 的长。

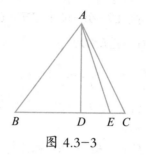

图 4.3-3

分析：作 AF 平分 $\angle BAD$，作 $FG \perp AB$ 于点 G。

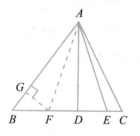

图 4.3-4

解：如图 4.3-4，作 AF 平分 $\angle BAD$，交 BC 于点 F，作 $FG \perp AB$ 于点 G。

∵ AF 平分 $\angle BAD$，

∴ $\angle BAF = \angle DAF$。

∵ $\angle BAD = 2\angle DAE$，

∴ $\angle BAF = \angle DAF = \angle DAE$。

∵ $AD \perp BC$，

∴ $\triangle AFD \cong \triangle AED$，$DF = DE$。

$\because \angle BAF = \angle DAF$，$FG \perp AB$，

$\therefore DF = GF$。

$\because DE = 4$，

$\therefore DF = GF = 4$。

设 $BF = x$，则 $AB = BC = CE + DE + DF + BF = 10 + x$。

易知 $\triangle BFG \backsim \triangle BAD$，

$\therefore \dfrac{BF}{BA} = \dfrac{BG}{BD}$，即 $\dfrac{x}{10+x} = \dfrac{BG}{x+4}$。

$\therefore BG = \dfrac{x(4+x)}{x+10}$。

在 $\text{Rt}\triangle BGF$ 中，$BF^2 = BG^2 + GF^2$，

$\therefore \left[\dfrac{x(4+x)}{x+10}\right]^2 + 4^2 = x^2$，

化简，得 $3x^2 + 5x - 100 = 0$，$(3x+20)(x-5) = 0$。

$\therefore x = 5$，$x = -\dfrac{20}{3}$（舍去）。

$\therefore BD = BF + DF = 4 + 5 = 9$。

课外练习与答案

1. 基础练习题

利用结合律、交换律计算下列各式（写出过程）：

（1）$167 + 289 + 33$；

（2）$129 + 235 + 171 + 165$；

（3）$378 + 527 + 73$；

（4）$8.38 + 9.43 + 6.62$；

（5）$32 + 6.34 + 3.66$；

（6）$12.63 + 5.95 + 4.05 + 7.37$；

（7）$500 - 123 - 377$；

（8）$28.49 - 11 - 2.47 - 6.53$；

（9）$324 + 89 - 24$；

（10）$28.53 + 48.21 - 8.53$；

（11）$534-61+66$；　　（12）$6.85+3.15-2.66-3.34$。

2. 提高练习题

（1）如图4.4-1，是小明设计用手电来测量某古城墙 CD 处高度的示意图。点 P 处放一水平的平面镜，光线从点 A 出发经平面镜反射后刚好射到古城墙 CD 的顶端 C 处。已知 $AB \perp BD$，$CD \perp BD$，且测得 $AB=1.2$ 米，$BP=1.8$ 米，$PD=12$ 米，那么该古城墙 CD 处的高度是多少米？

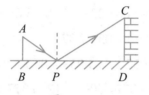

图 4.4-1

（2）已知：如图4.4-2，在 $\triangle ABC$ 中，$\angle A=120°$，$AB=4$，$AC=2$，求边 BC 的长。

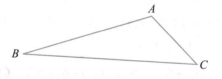

图 4.4-2

（3）已知：如图4.4-3，$\angle B=\angle D=90°$，$\angle A=60°$，$AB=4$，$CD=2$。求四边形 $ABCD$ 的面积。

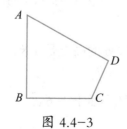

图 4.4-3

答案

1. **基础练习题**

（1）$167+289+33=(167+33)+289=489$；

（2）$129+235+171+165=(129+171)+(235+165)=700$；

（3）$378+527+73=378+(527+73)=978$；

（4）$8.38+9.43+6.62=(8.38+6.62)+9.43=24.43$；

（5）$32+6.34+3.66=32+(6.34+3.66)=42$；

（6）$12.63+5.95+4.05+7.37$

$=(12.63+7.37)+(5.95+4.05)=30$；

（7）$500-123-377=500-(123+377)=0$；

（8）$28.49-11-2.47-6.53$

$=28.49-(11+2.47+6.53)=8.49$；

（9）$324+89-24=(324-24)+89=389$；

（10）$28.53+48.21-8.53=(28.53-8.53)+48.21$

$=20+48.21=68.21$；

（11）$534-61+66=(534+66)-61=600-61=539$

或 $534-61+66=534+(66-61)=534+5=539$；

（12）$6.85+3.15-2.66-3.34$

$=(6.85+3.15)-(2.66+3.34)=10-6=4$。

2. **提高练习题**

（1）该古城墙 CD 处的高度是 8 米。

（2）边 BC 的长是 $2\sqrt{7}$。

（3）四边形 $ABCD$ 的面积是 $6\sqrt{3}$。

◆ 加减乘除互还原

"因为3加5得8，所以8减去5剩3，8减去3剩5。又因为3乘5得15，所以3除15得5，5除15得3。这是小学生都已经知道的了。"

"加减法互相还原，乘除法也互相还原，这就是还原算的基础。"马先生这样提出要点以后，就写出了下面的例题。

例1：某数除以2，得到的商减去5，再3倍，加上8，得20，求某数。

马先生说："这只要一条线就够了，至于画法，正和算法一样，不过是'倒行逆施'。"

自然，我们已能够想出来了。

如图5-1。

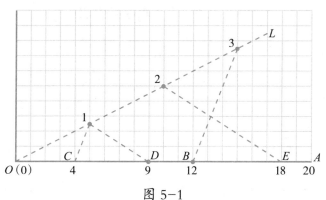

图 5-1

（1）取OA表示20。

（2）从点 A "反"向截去 8 得点 B。

（3）过点 O 任画一直线 OL。从 O 起，在上面连续取相等的三段得 $O1$、12、13。

（4）连接 $3B$，作 $1C$ 平行于 $3B$，交 OA 于点 C。

（5）从点 C 起 "顺"向加上 5 得 OD。

（6）连 $1D$，作 $2E$ 平行于 $1D$，得 E 点，它指示的是 18。

这情形和计算时完全相同。

$$[（20-8）\div 3+5]\times 2 = 18$$

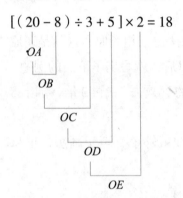

例2：某人有桃若干个，拿出一半多 1 个给甲，又拿出剩余的一半多 2 个给乙，还剩 3 个。求原有桃数。

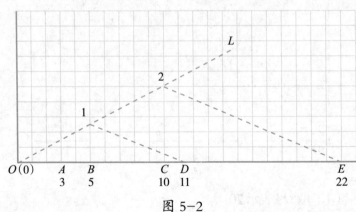

图 5-2

这和例1本质上没有区别，所以只将图5-2和算法相对应地写出来：

$$[(3+2)\times 2+1]\times 2 = 22$$

OA 余 AB

OB 余的一半

OC 先余的

OD 原数的一半

OE 原数

基本概念与例解

1. 基本概念

　　加减乘除互还原，就是已知一个数，经过某些运算之后，得到一个新数，这个新数可以还原回去，主要是按运算顺序倒推回去，解出原数，这种方法也叫作逆推法或还原法。比如：二加三等于五，所以五减三等于二、五减二等于三；因为二乘三等于六，所以六除以三等于二、六除以二等于三。

　　这类的应用题叫作还原问题。还原问题又叫作逆推运算问题，解答这类问题主要是利用加减互为逆运算和乘除互为逆运算，根据题意的叙述顺序由后向前逆推计算，在计算过程中采用相反的运算，逐步逆推。

　　例：一个数，加上2，再除以4，最后乘8，结果为16。请问这个数是多少？

　　解：$16 \div 8 \times 4 - 2$

　　　　$= 2 \times 4 - 2$

　　　　$= 8 - 2$

　　　　$= 6$。

　　答：这个数是6。

2. 解题规律

　　从最后结果出发，采用与原题中相反的运算（逆运算）方法，逐步推导出原数。

　　解答还原问题时，应注意观察运算的顺序。若需要先算加减法后算乘除法时，别忘记写括号。

在解题过程中注意两个相反：一是运算次序与原来相反；二是运算方法与原来相反。

例：某小学三年级四个班共有学生168人，如果四班调3人到三班，三班调6人到二班，二班调6人到一班，一班调2人到四班，那么四个班人数相等。请问四个班原有学生各多少人？

分析：当四个班人数相等时，应为168÷4。以四班为例，它调给三班3人，又从一班调入2人，所以四班原有的人数减去3再加上2等于平均数。

解：四班原有人数为168÷4−2+3=43（人）；

一班原有人数为168÷4−6+2=38（人）；

二班原有人数为168÷4−6+6=42（人）；

三班原有人数为168÷4−3+6=45（人）。

答：一班原有学生38人；二班原有学生42人；三班原有学生45人；四班原有学生43人。

应用习题与解析

1. 基础练习题

（1）在军事演习中，某部队阻击对方，因情况发生变化，需要从一连抽调一半的人去支援二连，抽调26人去支援三连，抽调剩下的一半的人去支援四连。后来营部将4名通讯员调进了一连，这时一连有20人。请问一连原来有多少人？

考点：逆运算。

分析：由"后来营部将4名通讯员调进了一连，这时一连有20人"可知，在没调进4名通讯员之前是20−4=16（人），由"抽调26人去支援三连，抽调剩下的一半去支援四连"以及此时剩下16人可知，在没抽调26人之前是 $16 \times 2 + 26 = 58$（人），最后由"需要从一连抽调一半的人去支援二连"，此时剩下58人，可知一连原来有 $58 \times 2 = 116$（人）。

解： $[(20-4) \times 2 + 26] \times 2$

$= (16 \times 2 + 26) \times 2$

$= (32 + 26) \times 2$

$= 58 \times 2$

$= 116$（人）。

答：一连原来有116人。

（2）陈小明买一支钢笔用去所带钱的一半，买一本笔记本又用去2元，这时还剩18元。请问陈小明带了多少元？

考点：逆运算。

分析：明确买一本笔记本用去的2元加上最后剩下的18元即是陈小明所带钱的一半是解答本题的关键。陈小明用自己所带钱的一半买一支钢笔，所以剩下的一半就是一本笔记本的2元加上最后剩下的18元。所以陈小明原来带的钱数为 $(18+2) \times 2 = 40$（元）。

解： $(18+2) \times 2 = 20 \times 2 = 40$（元）。

答：陈小明带了40元。

（3）一桶油，每次倒掉油的一半，倒了三次后连桶重8千克。已知桶重3千克，请问原来桶里有油多少千克？

考点：逆运算。

分析：由题意，倒了三次后连桶重8千克，已知桶重3千克，则油重（8-3）千克，每次倒掉油的一半，则第三次没倒前油重（8-3）×2千克，同理第二次没倒前油重（8-3）×2×2千克，第一次没倒前油重（8-3）×2×2×2千克。由此解答即可。

解：（8-3）×2×2×2

　　=5×2×2×2

　　=40（千克）。

答：原来桶里有油40千克。

（4）有一个数，把它乘4后减去46，再把所得的差除以3，然后减去10，最后得40。请问这个数是多少？

考点：逆运算。

分析：解答此题应从后向前推算，即先从最后一步出发，"减去10，最后得40"前面的数应为40+10=50；除以3结果是50，前面的数应为50×3=150；减去46得150，前面的数应为150+46=196；乘4以后是196，那么这个数应是196÷4=49。

解：[（40+10）×3+46]÷4

　　=（150+46）÷4

　　=196÷4

　　=49。

答：这个数是49。

（5）甲、乙、丙、丁四人约定上午十点在公园门口集合，人到齐后，甲说："我提前了6分钟，乙正点到的。"乙说："我提前了7分钟，丙比我晚3分钟。"丙说："我提前了4分钟，丁提前了2分钟。"丁说："我还以为我迟到了1分钟呢，其实我到达2分钟后才听到收音机里十点整的报时

声。"请根据以上谈话,分析谁的表最快,快多少分钟?

考点:用还原逆推法解决实际问题。

分析:此题的突破口是丁说:"我还以为我迟到了1分钟呢,其实我到达2分钟后才听到收音机里十点整的报时声。"根据丁所说的依次往前推,得出正确答案,以此解题。

解:首先,"丁"是到达2分钟后才听到收音机里十点整的报时声,所以到达时间是9:58分,显示时间是10:01分,快3分钟。

根据丙、丁时间差是2分钟,丙提前4分钟,丁正好提前2分钟,那么丙到达与显示的时间都是9:56分;根据乙、丙时间差是4分钟,那么乙的时间是在前4分钟,是9:53分;甲、乙时间差是6分钟,甲到达的时间是9:47分,甲说提前6分钟,那么他的表显示的时间是9:54分,比正确时间快7分钟。

人物	到达时的正确时间	每个人表的显示时间
丁	9:58	10:01
丙	9:56	9:56
乙	9:53	9:53
甲	9:47	9:54

答:甲的手表最快,快7分钟。

2. 巩固提高题

（1）甲加工一批零件,第一天加工了这堆零件的一半多10个,第二天又加工了剩下的一半多10个,还剩下25个没有加工。请问这批零件有多少个?

考点：逆运算。

分析：第二天又加工剩下的一半多10个，还剩下25个没加工，也就是25+10=35（个），正好是第一天加工后剩下的一半，那么第一天加工后剩下35×2=70（个）；第一天加工这堆零件的一半多10个，剩下70个，那么70+10=80（个）是这堆零件的一半，那么这批零件共80×2=160（个），解决问题。

解： $[(25+10)\times 2+10]\times 2$

$=(35\times 2+10)\times 2$

$=(70+10)\times 2$

$=80\times 2$

$=160$（个）。

答：这批零件有160个。

（2）有砖30块，兄弟二人争着去挑。弟弟抢在前面刚摆好砖，哥哥赶到了。哥哥看弟弟挑得多，就抢过一半，弟弟不肯，又从哥哥那儿抢走一半，哥哥不服，弟弟只好给哥哥6块，这时哥哥比弟弟多挑2块。问弟弟最初准备挑几块砖？

考点：逆运算。

分析：先看最后兄弟俩各挑几块，哥哥比弟弟多挑2块，这是一个和差问题，哥哥挑的块数是（30+2）÷2=16，弟弟是30-16=14；然后还原，哥哥还给弟弟6块，哥哥有16-6=10（块），弟弟有14+6=20（块）；弟弟把抢走的一半还给哥哥，哥哥有10+10=20（块），弟弟有20-10=10（块）；哥哥把抢走的一半还给弟弟，弟弟原来是10+10=20（块）。据此解答。

解：哥哥最后挑的块数为（30+2）÷2=16（块）；

弟弟最后挑的块数为30-16=14（块）。

哥哥还给弟弟6块，

哥哥有16-6=10（块），

弟弟有14+6=20（块）。

弟弟把抢走的一半还给哥哥，

哥哥有10+10=20（块）；

弟弟有20-10=10（块）。

哥哥把抢走的一半还给弟弟，

弟弟原来有10+10=20（块）。

答：弟弟最初准备挑20块砖。

（3）一辆公交车从始发站开出时车上有一些乘客，到了第二站，先下车5人，又上车8人；到了第三站，先下车4人，又上车10人，这时车上共有乘客26人。请问这辆公交车从始发站开出时车上有多少人？

考点：逆运算。

分析：最后公交车上共有乘客26人，车到第三站以前有26-10+4=20（人），即到了第二站下车5人，上车8人是20人，那么汽车从始发站开出时车上有乘客20-8+5=17（人）。

解：车到第三站以前有乘客：26-10+4=20（人）；

公交车从始发站开出时车上有乘客：

20-8+5=17（人）。

答：这辆公交车从始发站开出时车上有17人。

（4）一个书架分上、中、下三层，一共放书384本。如果从上层取出与中层同样多的本数放入中层，再从中层取出与下层同样多的本数放入下层，最后又从下层取出与现在上层同样多的本数放入上层，这时三层书的本数相同。请问这个书架上原来上、中、下各放多少本书？

考点：逆运算。

分析：抓住三层书的本数相同时，书架上各层的书有 $384 \div 3 = 128$（本），由此进行逆推。

解：现在上、中、下三层都有书：$384 \div 3 = 128$（本）。

下层未给上层时，

上层有书：$128 \div 2 = 64$（本）；

下层有书：$128 + 64 = 192$（本）；

中层有书：128本。

中层未给下层时，

下层有书：$192 \div 2 = 96$（本）；

中层有书：$128 + 96 = 224$（本）；

上层有书：64本。

上层未给中层时，

中层有书：$224 \div 2 = 112$（本）；

上层有书：$64 + 112 = 176$（本）；

下层有书：96本。

答：原来上层有176本书，中层有112本书，下层有96本书。

（5）袋中有若干个球，小明每次拿出其中一半再放回一个球，这样操作5次，袋中还有3个球。请问袋中原有多少个球？

考点：逆运算。

分析：每次拿出其中的一半再放回一个球，也就是每次拿出其中的一半少1个；最后剩3个球，则第五次拿之前的小球数为2×（3-1）=4（个），同理推出第四次拿之前的小球数为2×（4-1）=6（个）……第一次拿之前的小球数为2×（18-1）=34（个）。

解：第五次拿之前的小球数为2×（3-1）=4（个）；

第四次拿之前的小球数为2×（4-1）=6（个）；

第三次拿之前的小球数为2×（6-1）=10（个）；

第二次拿之前的小球数为2×（10-1）=18（个）；

第一次拿之前的小球数为2×（18-1）=34（个）。

答：袋中原有34个球。

奥数习题与解析

1. 基础训练题

（1）小马虎在做一道加法题目时，把个位上的5看成了9，把十位上的8看成了3，结果得到的"和"是123。请问正确的结果应是多少？

分析：个位上的5看成了9，所以是多加了9-5；十位上8看成了3，少加了80-30。运用逆推法求解。

解：123-（9-5）+（8-3）×10=169。

答：正确的结果是169。

（2）一群猴子分一堆桃子，第一只猴子取走了一半多一个，第二只猴子取走剩下的一半多一个……直到第七只猴子按上述方式取完后恰好取尽。请问这堆桃子一共有多少个？

分析：此题采用逆推法解答。先求出第六只猴子拿走以后剩余桃子数，即（0+1）×2=2（个）；然后求第五只猴子剩桃子数为（2+1）×2=6（个）；依此类推，最终得出结果。

解：第六只猴子剩的桃子数为（0+1）×2=2（个）；

第五只猴子剩桃子数为（2+1）×2=6（个）；

第四只猴子剩桃子数为（6+1）×2=14（个）；

第三只猴子剩桃子数为（14+1）×2=30（个）；

第二只猴子剩桃子数为（30+1）×2=62（个）；

第一只猴子剩桃子数为（62+1）×2=126（个）。

原有桃子数为（126+1）×2=254（个）。

答：这堆桃子一共有254个。

（3）有铅笔若干支，分给甲、乙、丙三个学生，最初甲得的最多，乙较少，丙最少，因此重新分配。第一次把甲的部分铅笔给乙、丙，各比乙、丙所有数多2支；第二次把乙的部分铅笔给甲、丙，各比甲、丙所有数多2支；第三次把丙的部分铅笔给甲、乙，各比甲、乙所有数多2支，这时，三个学生各得22支。请问最初三人各得多少支？

分析：第三次把丙的部分铅笔给甲、乙，各比甲、乙所有数多2支，这时，三个学生各得22支，在第三次分之前，甲有（22-2）÷2=10（支）；乙有（22-2）÷2=10（支）；丙有22×3-10-10=46（支）。第二次把乙的部分铅笔给甲、丙，各比甲、丙所有数多2支，在分配前，甲有（10-2）÷2=4（支）；丙有（46-2）÷2=22（支）；乙有22×3-4-22=40（支）。第一次把甲的部分铅笔给乙、丙，各比乙、丙所有数多2支，没分之前，乙有（40-2）÷2=19

（支）；丙有（22-2）÷2=10（支）；甲有22×3-19-10=37（支）。据此解答。

解：在第三次分之前，

甲有（22-2）÷2=20÷2=10（支）；

乙有（22-2）÷2=20÷2=10（支）；

丙有22×3-10-10=66-10-10=46（支）。

第二次分之前，

甲有（10-2）÷2=8÷2=4（支）；

丙有（46-2）÷2=44÷2=22（支）；

乙有22×3-4-22=66-4-22=40（支）。

第一次分之前，

乙有（40-2）÷2=38÷2=19（支）；

丙有（22-2）÷2=20÷2=10（支）；

甲有22×3-19-10=66-19-10=37（支）。

答：最初甲有37支，乙有19支，丙有10支。

（4）甲、乙、丙三人共有人民币168元，第一次甲拿出与乙同样的钱数给乙；第二次乙拿出与丙相同的钱数给丙；第三次丙拿出与这时甲相同的钱数给甲。这时甲、乙、丙三人的钱数恰好相等。请问原来甲比乙多多少元？

分析：最后每人的钱数是第三次拿完之后，甲、乙、丙的钱数相等，都是168÷3=56（元）。现在倒着推回去：①丙在拿出钱给甲之前，甲的钱是56元的一半，即56÷2=28（元），这时丙有56+28=84（元）；乙有56元。②乙在拿出钱给丙之前，丙有84÷2=42（元），这时乙有56+42=98（元）；甲有28元。③甲在拿出钱给乙之前，乙有98÷2=49

（元），此时甲有28+49=77（元）；丙有42元。这样甲有77元，乙有49元，丙有42元。于是，原来甲比乙多77-49=28（元）钱。

解：最后每人的钱数是168÷3=56（元）。

第二次拿完之后，

甲有56÷2=28（元）；

丙有56+28=84（元）；

乙有56元。

第一次拿完之后，

丙有84÷2=42（元）；

乙有56+42=98（元）；

甲有28元。

那么原来乙有98÷2=49（元）；

甲有28+49=77（元）。

原来甲比乙多77-49=28（元）。

答：原来甲比乙多28元。

2. 拓展训练题

（1）一片牧草，草每天生长的速度相同。这片牧草可供27头牛吃6天，可供46只羊吃9天。如果1头牛的吃草量等于2只羊的吃草量，那么11头牛和20只羊一起吃可以吃几天？

分析：方法一，20只羊每天吃草量相当于20÷2=10（头）牛每天吃草量。草地原有草量与6天新生草量可供27×6=162（头）牛吃一天；46只羊9天吃草量可供（46÷2）×9=207（头）牛吃一天；每天新长草够（207-162）÷（9-6）=15（头）牛吃一天；原有草量够162-（6×15）=72（头）牛吃一

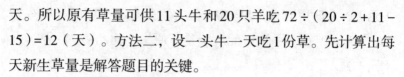

天。所以原有草量可供11头牛和20只羊吃72÷（20÷2+11-15）=12（天）。方法二，设一头牛一天吃1份草。先计算出每天新生草量是解答题目的关键。

解：（方法一）根据题意，得

　　20÷2=10（头），

　　27×6=162（头），

　　（46÷2）×9=207（头），

　　（207-162）÷（9-6）=15（头）。

　　162-（6×15）=72（头），

　　72÷（20÷2+11-15）=12（天）。

（方法二）设一头牛一天吃1份草。

每天新生的草量：

　　[23×9-27×（12÷2）]÷（9-6）=15（份），

　　23×9-15×9=72（份）。

　　72÷（21-15）=72÷6=12（天）。

答：11头牛和20只羊一起可以吃12天。

（2）同学们玩扔沙袋游戏，甲、乙两班共有140个沙袋，如果甲班先给乙班5个，乙班又给甲班8个，这时两班沙袋数相等。两班原来各有沙袋多少个呢？

分析：甲班先给乙班5个，乙班又给甲班8个后，也就是甲班从乙班得到3个沙袋。这时两班沙袋数相等，此时，每班各有140÷2=70（个）。甲班将得到的沙袋还回去。原来有70-3=67（个），乙班原有140-67=73（个）。

解：甲、乙两班最后有沙袋数：140÷2=70（个）；

　　甲班原有沙袋数：70-8+5=67（个）；

乙班原有沙袋数：70-5+8=73（个）。

答：甲班原有沙袋67个，乙班原有沙袋73个。

课外练习与答案

1. 基础练习题

（1）一个数加上7，乘3，减去15，得到最大的三位数。那么这个数是多少？

（2）小马在计算600-□÷5时不小心先算了减法再算除法，算出的结果是60。那么实际的正确结果是多少？

（3）一根绳子剪去一半多0.4米，再剪去余下的一半，还剩4.3米。请问这根绳子原来长多少米？

（4）一位老人说：把我的年龄加上17用4除，再减去15后用10乘，恰巧是100岁。请问这位老人今年多少岁？

（5）已知A、B、C、D四个数的和是45，并且A+2=B-2=C×2=D÷2。请问A、B、C、D四个数各是多少？

2. 提高练习题

（1）甲、乙、丙三个组共有图书90本，如果乙组向甲组借3本后，又送给丙组5本，那么三个组所有图书的本数刚好相等。请问乙组原有图书多少本？

（2）篮子里有一些梨，笑笑取走总数的一半多1个，小明取走了笑笑取走后剩下的一半多1个，这时篮子里还剩3个梨。请问篮子里原来一共有多少个梨？

（3）王东在计算整十数乘法时，把一个因数末尾的0丢了，接着再将这个结果加上一个两位数，又把两位数个位上的1看成了7，十位上的6看成了9，最后得297。请问正确结果是多少？

3. 经典练习题

（1）有甲、乙、丙三个数，从甲数取出15加到乙数，从乙数取出18加到丙数，从丙数取出12加到甲数，这时三个数都是180。请问甲、乙、丙三个数原来各是多少？

（2）小文在计算两个数相加时，把一个加数个位上的1错误地当作7，把另一个加数十位上的8错误地当作3，所得的和是1976。请问原来两数相加的正确答案是多少呢？

答案

1. 基础练习题

（1）这个数是331。

（2）实际的结果是540。

（3）这根绳子原来长18米。

（4）这位老人的年龄是83岁。

（5）A是8；B是12；C是5；D是20。

2. 提高练习题

（1）乙组原有图书32本。

（2）篮子里原来一共有18个梨。

（3）正确的结果是2061。

3. 经典练习题

（1）甲、乙、丙三个数原来分别是183、183、174。

（2）原来两数相加的正确结果是2020。